电控发动机构造与维修

主　编　袁家旺　窦　捷
副主编　易坤仁　江　巍
参　编　马寿设　陆日桃　彭荣富　卢　义
　　　　杨华明　韦　恩　金　冰　陆信光
　　　　黄安威　黄欲飘

北京理工大学出版社
BEIJING INSTITUTE OF TECHNOLOGY PRESS

内容简介

本书主要介绍了汽油发动机电子控制系统的总体结构、部件结构及安装部位、基本原理和检测方法，介绍了发动机主要电子控制系统的故障诊断步骤与方法。内容主要包括汽油发动机电子控制系统基础知识，汽油发动机电子控制系统的总体结构及部件识别，汽油发动机电子控制系统部件检测，汽油发动机电子控制系统的结构与检修，汽油发动机主要电子控制系统的故障诊断等。

本书采用了大量的框图、实景图、示意图，图文并茂，内容通俗、实用、容易掌握，可作为高等职业院校、中等职业院校汽车运用与维修专业的教学用书，也可供汽车维修企业技术人员、维修人员阅读参考。

版权专有　侵权必究

图书在版编目（CIP）数据

电控发动机构造与维修 / 袁家旺，窦捷主编. —北京：北京理工大学出版社，2017.8（2025.1重印）

ISBN 978-7-5682-4463-3

Ⅰ.①电… Ⅱ.①袁… ②窦… Ⅲ.①汽车—电子控制—发动机—构造 ②汽车—电子控制—发动机—车辆修理　Ⅳ.① U472.43

中国版本图书馆 CIP 数据核字（2017）第 191560 号

出版发行 /	北京理工大学出版社有限公司
社　　址 /	北京市海淀区中关村南大街 5 号
邮　　编 /	100081
电　　话 /	（010）68914775（总编室）
	（010）82562903（教材售后服务热线）
	（010）68948351（其他图书服务热线）
网　　址 /	http://www.bitpress.com.cn
经　　销 /	全国各地新华书店
印　　刷 /	廊坊市印艺阁数字科技有限公司
开　　本 /	787 毫米 ×1092 毫米　1/16
印　　张 /	10
字　　数 /	235 千字
版　　次 /	2025 年 1 月第 1 版第 6 次印刷
定　　价 /	39.80 元

责任编辑 /	赵　岩
文案编辑 /	邢　琛
责任校对 /	周瑞红
责任印制 /	李志强

图书出现印装质量问题，请拨打售后服务热线，本社负责调换

前言

近年来，随着汽车工业的飞速发展，汽车电子控制技术在汽车发动机上的应用越来越普遍，汽车的集成化、智能化程度越来越高。随着国内人们生活水平的提高，越来越多的普通居民拥有了自己的汽车，但汽车的使用、维护、维修给人们带来了不少困难。许多驾驶员朋友、有志从事汽车维修的学生朋友和资历浅的汽车维修人员，面对发动机上数量众多的电气部件、电缆，复杂的控制系统而束手无策，深感自己汽车电子基础知识的薄弱，从而激发了他们对汽车电子基础知识的渴求。为了满足汽车使用者、有志从事汽车维修的学生朋友和资历浅的维修人员的迫切需要，使其更好地了解、熟悉汽车发动机电子控制系统的构造、部件安装部位、检修，学会主要控制系统的检修与故障诊断，编者特编写了此书。

本书主要介绍了汽车发动机电子控制系统的总体结构、部件结构及安装部位、基本原理和检测方法，介绍了发动机主要电子控制系统的故障诊断步骤与方法。内容主要包括汽油发动机电子控制系统基础知识，汽油发动机电子控制系统的总体结构及部件识别，汽油发动机电子控制系统部件检测，汽油发动机电子控制系统的结构与检修，汽油发动机主要电子控制系统的故障诊断等。

编者在编写本书过程中，得到了广西理工职业技术学院、广西理工职业技术学校、南宁市阿伟汽车维修厂等院校和维修企业的大力支持与指导，在此一并表示感谢。

本书由袁家旺、窦捷担任主编，由易坤仁、江巍担任副主编，马寿设、陆日桃、彭荣富、卢义、杨华明、韦恩、金冰、陆信光、黄安威、黄欲飘参与了编写。

由于编者水平有限，书中难免有不妥和疏漏之处，恳请广大读者批评、指正。

编　者
2016 年 5 月

前言

目 录

绪论　汽油发动机电子控制系统基础知识 ·· 001

项目一　汽油发动机电子控制系统的总体结构及部件识别 ························· 009
　　任务一　汽油发动机电子控制系统的结构认识 ································· 009
　　任务二　汽油发动机电子控制系统的部件识别 ································· 017

项目二　汽油发动机电子控制系统的部件检测 ·· 035
　　任务一　曲轴与凸轮轴位置传感器的检测 ······································· 035
　　任务二　空气流量计的检测 ·· 044
　　任务三　进气压力传感器的检测 ·· 051
　　任务四　节气门位置传感器的检测 ··· 056
　　任务五　冷却液温度传感器与进气温度传感器的检测 ······················ 064
　　任务六　氧传感器与爆燃传感器的检测 ·· 070
　　任务七　ECU 的检测 ·· 077
　　任务八　执行器的检测 ·· 084

项目三　汽油发动机电子控制系统的结构与检修 ···································· 094
　　任务一　燃油喷射系统的结构与检修 ··· 094
　　任务二　电控点火系统的结构与检修 ··· 105
　　任务三　怠速控制系统的结构与检修 ··· 114
　　任务四　排放控制系统的结构与检修 ··· 123

项目四　汽油发动机主要电子控制系统的故障诊断 ································· 132
　　任务一　解码器的使用 ·· 132
　　任务二　点火系统的故障诊断 ·· 141
　　任务三　燃油供给系统的故障诊断 ·· 146

参考文献 ·· 150

绪论　汽油发动机电子控制系统基础知识

> **学习内容**
>
> (1) 发动机电子控制系统的分类；
> (2) 发动机电子控制系统的组成及功能；
> (3) 汽油发动机燃油喷射系统的分类。

> **学习目标**
>
> 1. 知识目标
> (1) 熟悉发动机电子控制系统的组成及各组成部分的功能；
> (2) 熟悉汽油发动机燃油喷射系统的分类。
> 2. 能力目标
> (1) 能说出发动机电子控制系统的组成及各组成部分的功能；
> (2) 能说出汽油发动机燃油喷射系统的种类。

一、发动机电子控制系统的分类

如图 0-1 所示，发动机电子控制系统分为主要电子控制系统和辅助电子控制系统两类。

主要电子控制系统
- 电子控制点火（ESA）系统
- 电子控制燃油喷射（EFI）系统

辅助电子控制系统
- 怠速控制（ISC）系统
- 进气控制（IAC）系统
- 排放控制（EGR）系统
- 涡轮增压控制（TCE）系统
- 失效保护系统
- 自诊断系统
- 应急备用系统
- ……

图 0-1　发动机电子控制系统的分类

1. 电子控制点火提前系统的功能

根据发动机相关传感器输入的信号，判断发动机的运行工况，选择并确定最佳的点火提前角，点燃气缸内的可燃混合气，从而改善发动机的燃烧性能，以提高发动机的动力性、经济性，降低排放污染。

该系统的主要控制内容：发动机的点火提前角、闭合角、爆燃。

2. 电子控制燃油喷射系统的功能

根据发动机相关传感器输入的信号，判断发动机的运行工况，对发动机的喷油量、喷油正时、减速及限速、超速断油进行控制，使发动机在运行工况下获得最佳浓度的混合气，从而改善发动机的燃烧性能，以提高发动机的动力性、经济性，降低排放污染，并防止发动机超速运转。

该系统的主要控制内容：喷油量、喷油正时、减速及限速、超速断油、电动油泵。

3. 怠速控制系统的功能

在发动机怠速工况下，根据发动机冷却液温度高低、空调是否开启、自动变速器是否入挡、车辆是否低速转向等情况，通过怠速电磁阀对发动机进气量进行控制，使发动机以最佳的怠速运转，并防止发动机熄火。

4. 进气控制系统的功能

根据发动机转速及负荷的变化，对发动机进气量进行控制，以提高发动机充气效率，改善发动机动力性。

5. 排放控制系统的功能

对发动机排放控制装置进行实时控制，以降低发动机的废气排放量。

6. 涡轮增压控制系统的功能

电子控制单元（ECU 或电控单元）根据压力传感器输入的进气压力信号，控制发动机的增压装置，对发动机进气压力的强度进行控制。

7. 失效保护系统的功能

当传感器或传感器线路发生故障时，控制系统自动按 ECU 预先设定的参考信号值工作，使发动机能继续运转。

8. 自诊断系统的功能

ECU 检测到控制系统产生故障时,自动诊断故障部位,并以代码的形式储存在存储器中,以便检修人员借助专用仪器调取故障码,快速确定发动机的故障范围。同时点亮仪表盘上的故障指示灯,提示驾驶员发动机出现故障。

9. 应急备用系统的功能

当发动机控制系统的 ECU 产生故障时,自动启用应急系统的备用集成电路,按设定信号控制发动机转入强制运转状态,便于驾驶员驾驶车辆靠边或进厂维修。

二、发动机电子控制系统的组成及功能

发动机电子控制系统的基本组成框图如图 0-2 所示。

发动机检测信号传感器类型框图如图 0-3 所示。其中主控信号传感器实物和修正信号传感器实物分别如图 0-4 和图 0-5 所示。

图 0-2 发动机电子控制系统的基本组成框图   图 0-3 发动机检测信号传感器类型框图

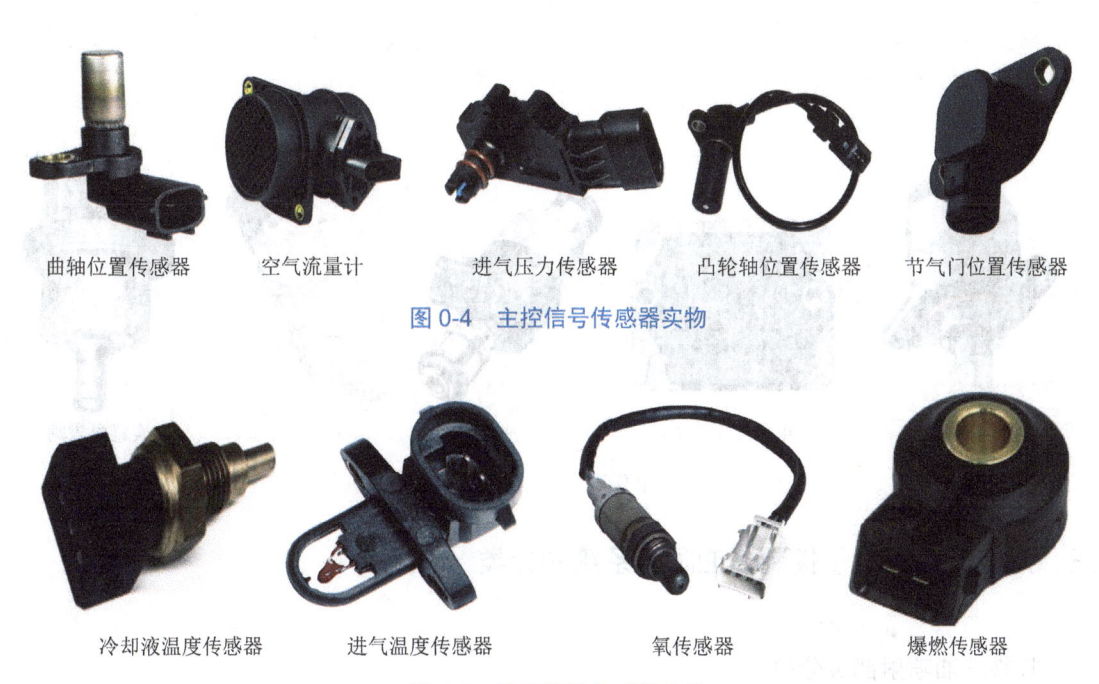

曲轴位置传感器　　空气流量计　　进气压力传感器　　凸轮轴位置传感器　　节气门位置传感器

图 0-4 主控信号传感器实物

冷却液温度传感器　　进气温度传感器　　氧传感器　　爆燃传感器

图 0-5 修正信号传感器实物

1.传感器

传感器用来检测发动机的运行工况，并把检测到的发动机运行工况信息转换成发动机 ECU 能识别的电信号，ECU 根据传感器输入的电信号控制发动机工作。

2.ECU

ECU（图 0-6）根据各种传感器和控制开关输入的信号，对发动机喷油量、喷油时间及点火时间进行实时控制。

图 0-6　ECU

3.执行器

执行器（图 0-7）根据 ECU 输出的控制指令，完成具体的控制动作，使发动机处于最佳的工作状态。

常见的执行器有怠速阀、废弃再循环阀、电子点火模块、带电子点火模块的点火线圈、喷油器、电动燃油泵、炭罐电磁阀等。

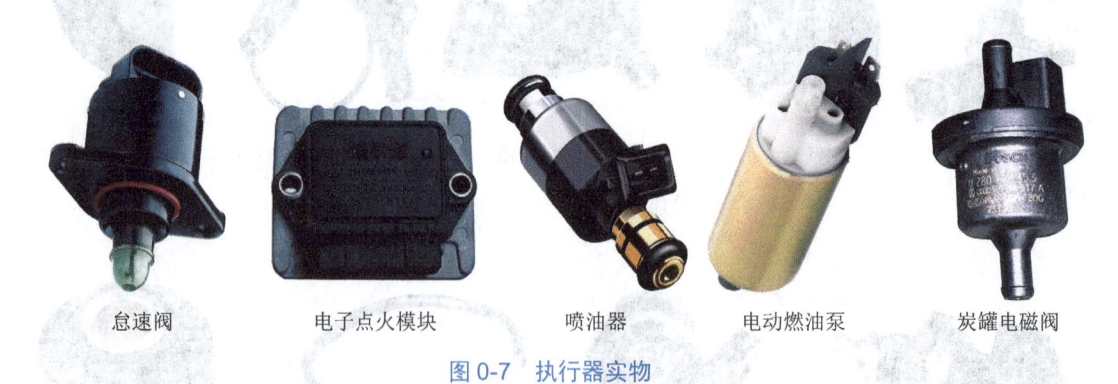

| 怠速阀 | 电子点火模块 | 喷油器 | 电动燃油泵 | 炭罐电磁阀 |

图 0-7　执行器实物

三、汽油发动机电子控制燃油喷射系统的分类

1. 按汽油喷射部位分类

（1）缸内喷射：如图 0-8 所示，将汽油直接喷射入气缸内。除柴油机外现在部分汽油

机也采用。

(2) 缸外喷射：如图 0-9 所示，通过喷油器将具有一定压力的汽油喷射到进气歧管内相应的部位。现在汽油车发动机多采用这种喷射形式。

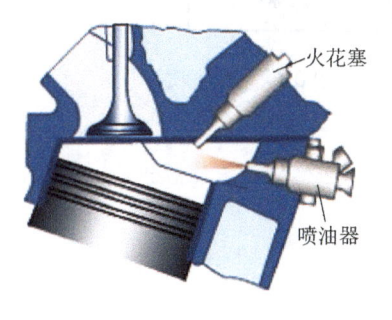

图 0-8　缸内喷射

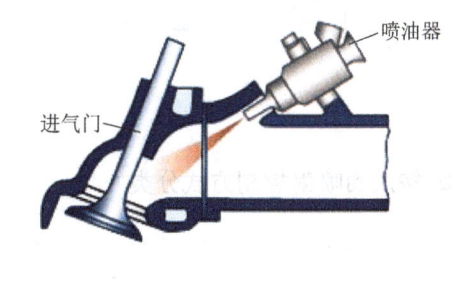

图 0-9　缸外喷射

2. 按喷油器安装部位分类

(1) 电子控制单点汽油喷射（SPI）系统：已淘汰。

(2) 电子控制多点汽油喷射（MPI）系统：该系统在每个缸前的进气歧管上安装一个喷油器，喷油器对各缸适时进行喷油。现在汽车普遍采用这种喷射形式。

3. 按汽油喷射方式分类

(1) 连续喷射：已淘汰。

(2) 间歇喷射：发动机运行期间，汽油适时地由喷油器喷射到进气管上，与进气管内的空气混合形成可燃混合气。现代汽油喷射系统普遍采用这种喷射形式。

4. 按汽油喷射时序分类

(1) 同时喷射：如图 0-10 所示，已淘汰。

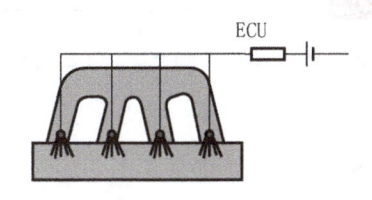

图 0-10　同时喷射

(2) 分组喷射：如图 0-11 所示，已淘汰。

(3) 顺序喷射：如图 0-12 所示，由 ECU 根据传感器输入的信号确定各缸喷油顺序，适时向各缸发出喷油指令，以实现顺序喷油。现代汽油喷射系统普遍采用这种喷射形式。

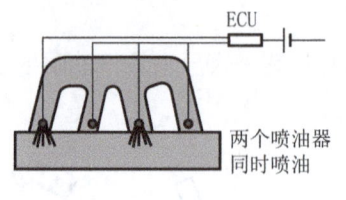

图 0-11　分组喷射　　　　　　　图 0-12　顺序喷射

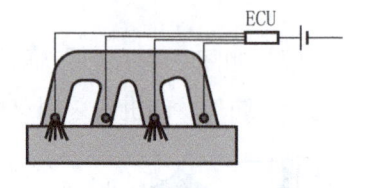

5. 按汽油喷射控制方式分类

（1）机械控制式（K 型）燃油喷射系统：已淘汰。

（2）机电结合控制式（KE 型）燃油喷射系统：已淘汰。

（3）电子控制式燃油喷射系统：由 ECU 控制燃油连续喷射，如图 0-13 所示。现代汽车普遍采用该形式。

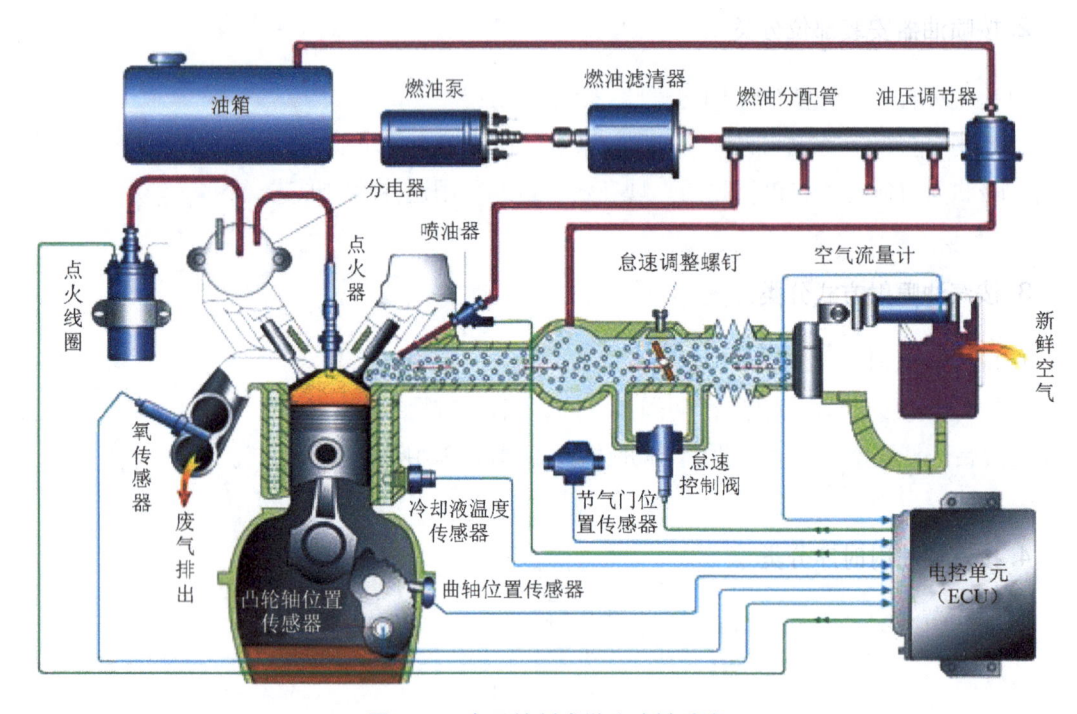

图 0-13　电子控制式燃油喷射系统

6. 按检测空气量的方式分类

（1）歧管压力间接计量式燃油喷射系统（D 型）：如图 0-14 所示，通过进气压力传感器检测进气歧管的真空度间接测量发动机的空气进气量。该计量式用压力传感器检测进气压力，测量精度稍差。

（2）空气流量计直接计量式燃油喷射系统（L 型）：如图 0-15 所示，用空气流量计直接检测进气歧管的空气进气量。该计量式用空气流量计检测空气进气量，测量精度较高。

绪论　汽油发动机电子控制系统基础知识

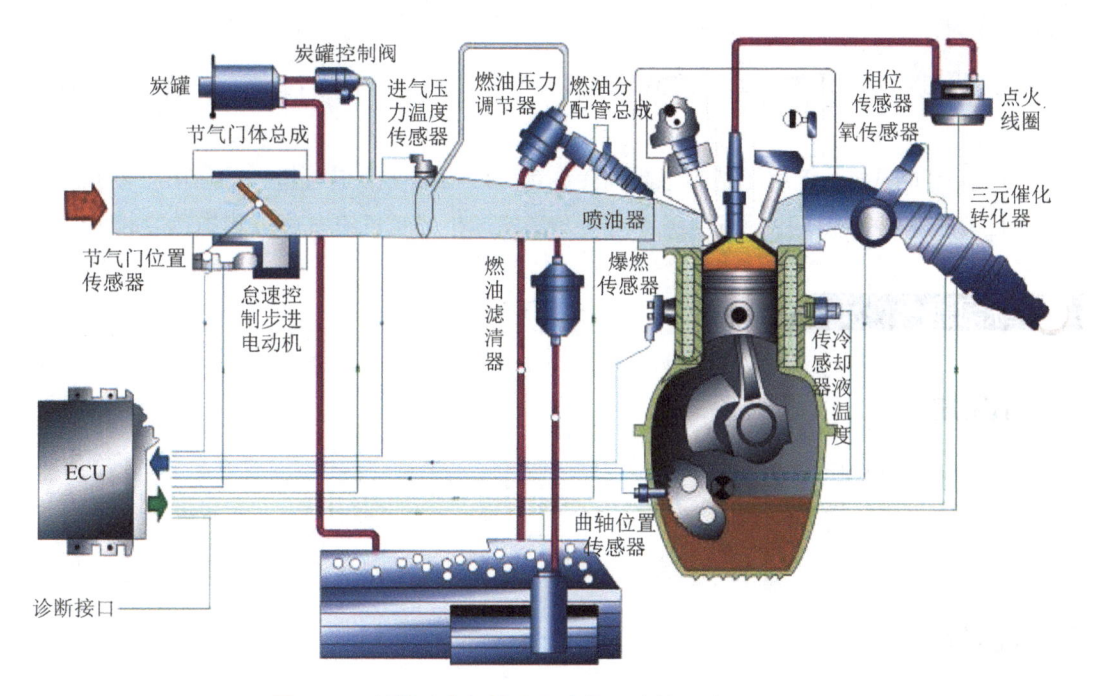

图 0-14　歧管压力间接计量式燃油喷射系统（D 型）

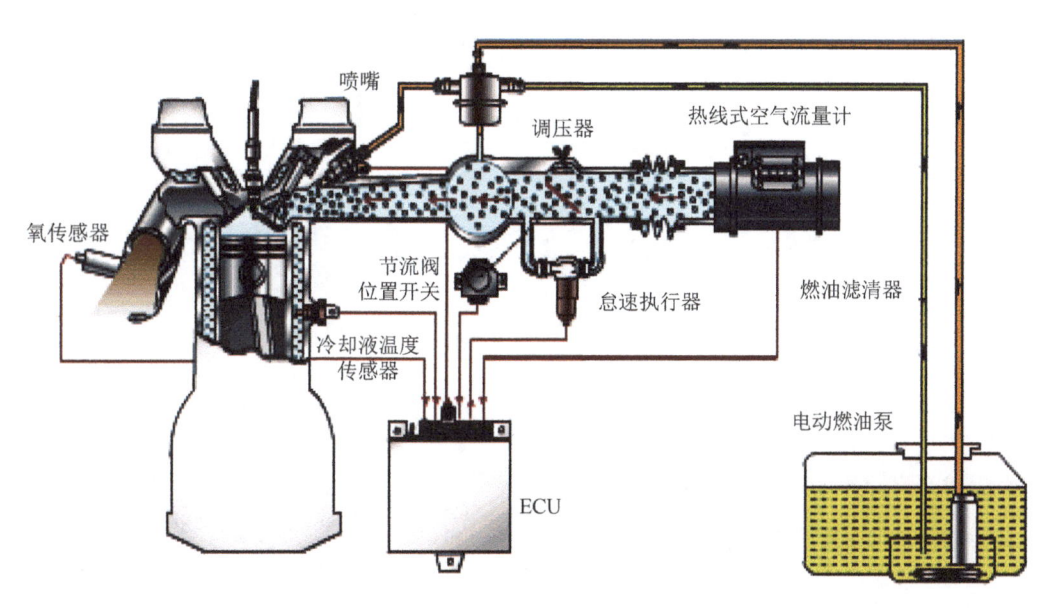

图 0-15　空气流量计直接计量式燃油喷射系统（L 型）

小　　结

1. 发动机电子控制系统包括电子控制点火提前（ESA）系统、电子控制燃油喷射（EFI）系统、怠速控制（ISC）系统、进气控制（IAC）系统、排放控制（EGR）系统、涡轮增压控制（TCE）系统、失效保护和自诊断系统、应急备用系统等。

2. 发动机电子控制系统由信号输入装置（传感器）、电子控制单元（ECU）和执行器三部分组成。

3. 现代汽油发动机燃油喷射系统普遍采用电子控制、缸外喷射、多点喷射、间歇喷射、顺序喷射。

4. D 型燃油喷射系统用压力传感器间接测量发动机的空气进气量，测量精度较低。

5. L 型燃油喷射系统用空气流量计直接测量发动机的空气进气量，测量精度较高。

练习题

一、填空题

1. 发动机主要电子控制系统包括_____和_____。
2. 发动机电子控制系统由_____、_____、_____组成。
3. 按检测空气量的方式不同，汽油发动机燃油喷射系统分为_____和_____两种。

二、简答题

1. 发动机传感器的作用是什么？

2. ECU 的作用是什么？

3. 执行器的作用是什么？

4. 发动机主控信号传感器有哪些？

5. 现代汽油发动机采用哪些燃油喷射系统？

项目一　汽油发动机电子控制系统的总体结构及部件识别

任务一　汽油发动机电子控制系统的结构认识

学习内容

(1) 认识汽油发动机电子控制系统的基本结构；
(2) 认识汽油发动机主要电子控制系统和辅助电子控制系统的结构。

学习目标

1. 知识目标
(1) 熟悉汽油发动机电子控制系统的基本结构；
(2) 熟悉汽油发动机主要电子控制系统和辅助电子控制系统的结构。
2. 能力目标
(1) 能说出汽油发动机电子控制系统的基本结构；
(2) 能说出汽油发动机主要电子控制系统和辅助电子控制系统的结构。

任务导入

为了环保和提高发动机的输出功率，现代汽车普遍采用电子控制系统对发动机不同运行工况下的点火、喷油、废气排放等进行控制。作为汽车维修企业的管理人员、技术人员、维修人员，必须了解、熟悉汽车电子控制系统的结构才能更好地进行管理、技术指导或维修车辆。

收集资料

1. 发动机电子控制系统的结构

发动机电子控制系统主要由三部分构成：传感器、ECU、执行器，如图 1-1-1 所示。

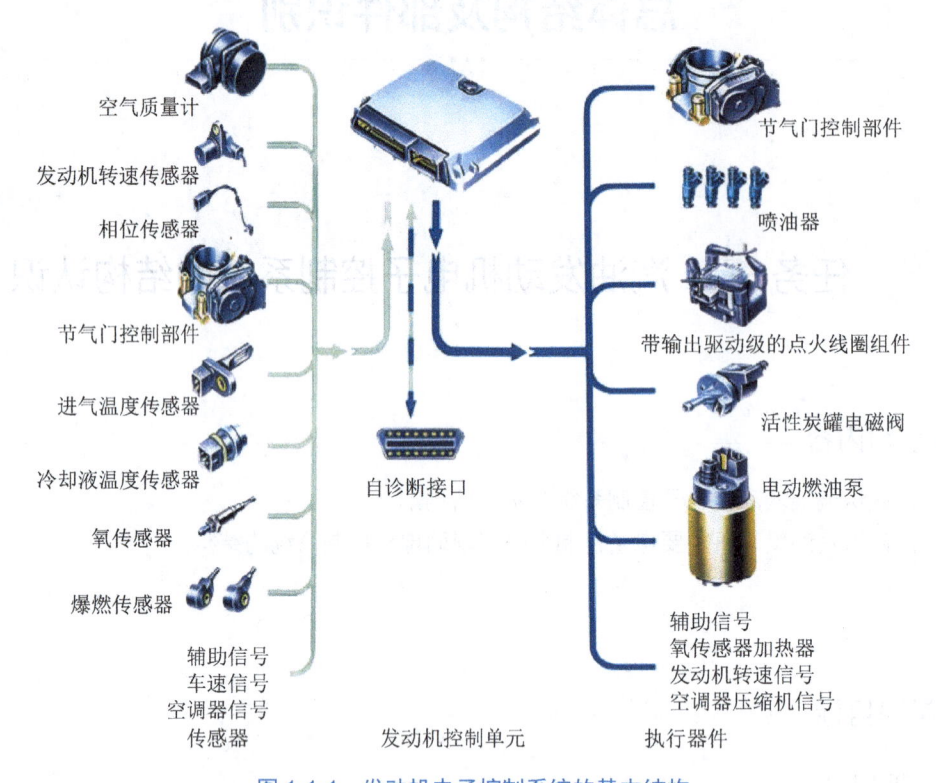

空气质量计
发动机转速传感器
相位传感器
节气门控制部件
进气温度传感器
冷却液温度传感器
氧传感器
爆燃传感器
辅助信号
车速信号
空调器信号
传感器

自诊断接口
发动机控制单元

节气门控制部件
喷油器
带输出驱动级的点火线圈组件
活性炭罐电磁阀
电动燃油泵
辅助信号
氧传感器加热器
发动机转速信号
空调器压缩机信号
执行器件

图 1-1-1　发动机电子控制系统的基本结构

2. 主要电子控制系统的结构

（1）电子控制点火系统主要由传感器、ECU、分电器（配电器）、点火模块、点火线圈、火花塞等构成，如图 1-1-2 所示。其主要部件如图 1-1-3 所示。

电子控制燃油喷射系统主要由燃油供给系统和空气供给系统两部分构成，如图 1-1-4 所示。

① 燃油供给系统。

功用：向气缸内供给燃烧时所需的一定量的燃油。

结构：由电动燃油泵、燃油滤清器、燃油分配管、油压调节器、喷油器、油管等构成，如图 1-1-5 和图 1-1-6 所示。

项目一　汽油发动机电子控制系统的总体结构及部件识别

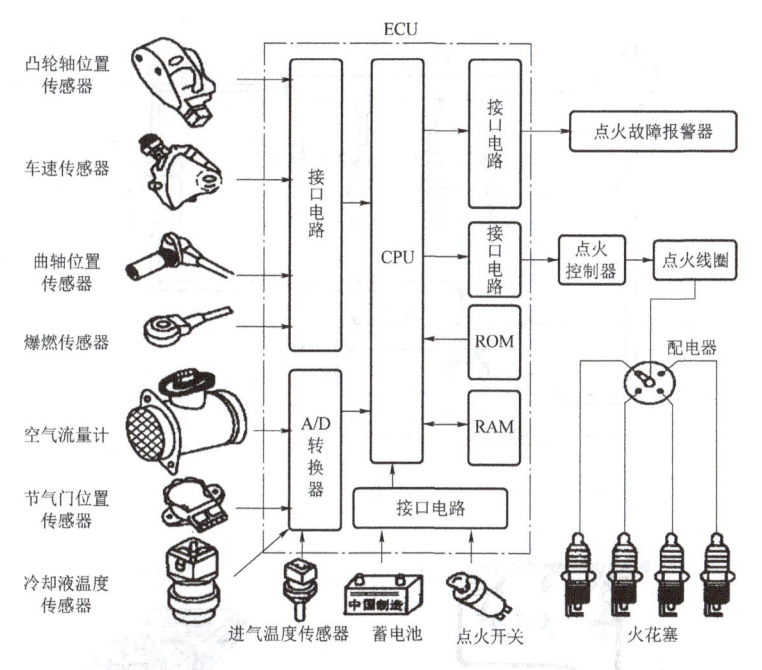

图 1-1-2　电子控制点火系统的结构

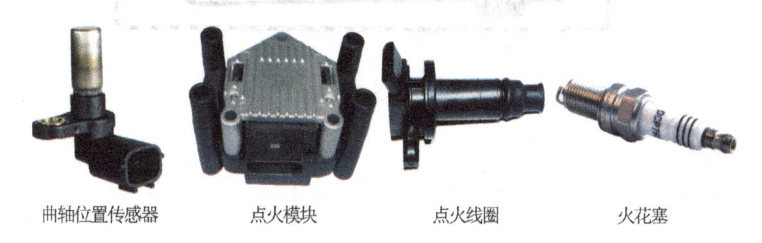

图 1-1-3　电子控制点火系统的主要部件

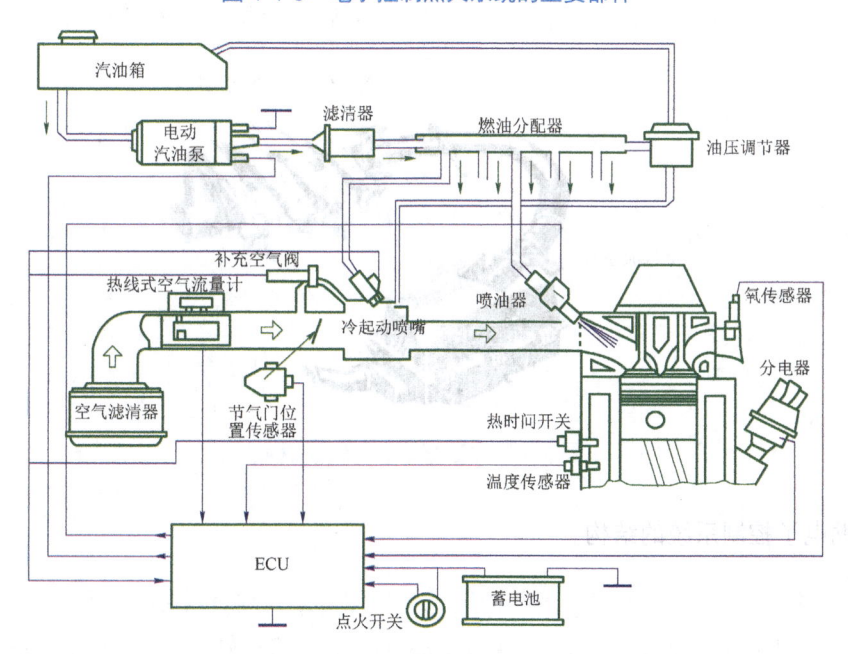

图 1-1-4　电子控制燃油喷射系统的结构

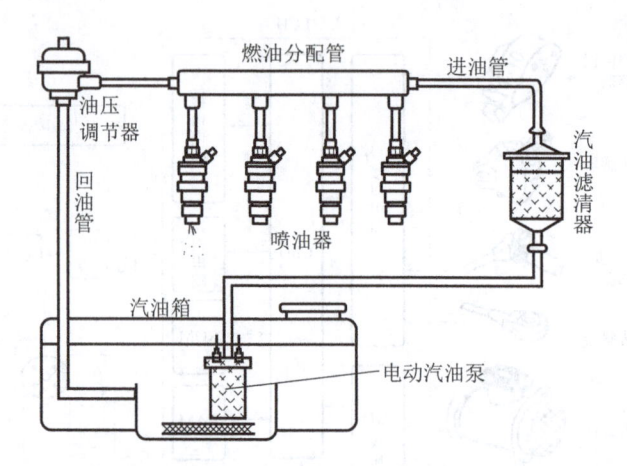

图 1-1-5　电子控制燃油供给系统的结构（一）

图 1-1-6　电子控制燃油供给系统的结构（二）

② 空气供给系统。

功用：为发动机可燃混合气的形成提供必要的新鲜、清洁空气，并测量和控制空气进气量。

结构：进气系统包括空气滤清器、节气门体、进气管及计量传感器等，如图 1-1-7 所示。

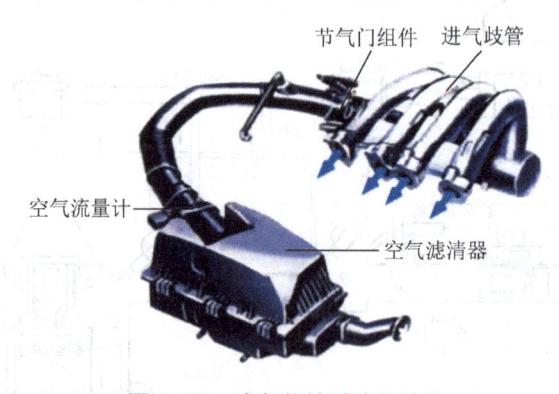

图 1-1-7　空气供给系统的结构

3. 辅助电子控制系统的结构

（1）怠速控制系统有空气旁通道怠速控制系统和直动式怠速控制系统两种。

功用：ECU 根据传感器检测的发动机状态参数确定目标转速，计算出目标转速与实际转速的差值，确定控制量，驱动怠速控制装置，改变进气量，使实际转速接近目标转速。

结构：① 空气旁通道怠速控制系统由怠速电磁阀、节气门、ECU、空气计量传感器、发动机转速传感器、冷却液温度传感器等构成，如图 1-1-8 所示。其主要部件如图 1-1-9 所示。② 直动式怠速控制系统由节气门、直流驱动电动机、减速装置、怠速开关（卡罗拉轿车发动机不装）等构成，如图 1-1-10 和图 1-1-11 所示。

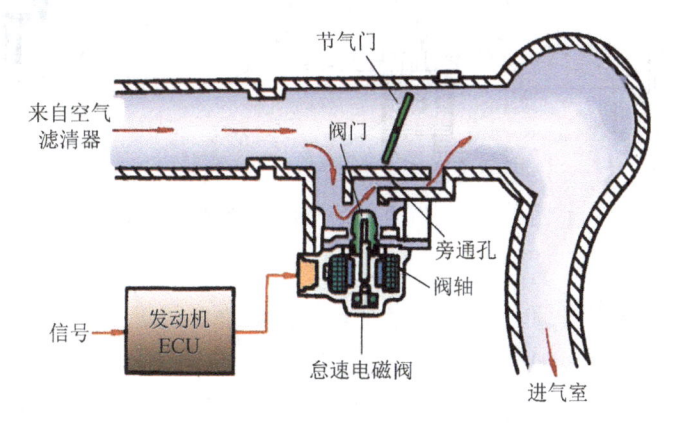

图 1-1-8　空气旁通道怠速控制系统的结构

图 1-1-9　空气旁通道怠速控制系统的主要部件

图 1-1-10　卡罗拉轿车直动式怠速控制系统　　图 1-1-11　大众时代超人轿车直动式怠速控制系统

（2）排放控制系统有气油蒸气排放（EVAP）控制系统和废气再循环（EGR）控制系统。
① 汽油蒸气排放控制系统。

功用：用于收集油箱内蒸发的汽油蒸气，并将汽油蒸气导入气缸参与燃烧，防止汽油蒸气排入大气中造成污染。

结构：由活性炭罐、炭罐电磁阀、单向阀及真空软管等构成，如图 1-1-12 所示。

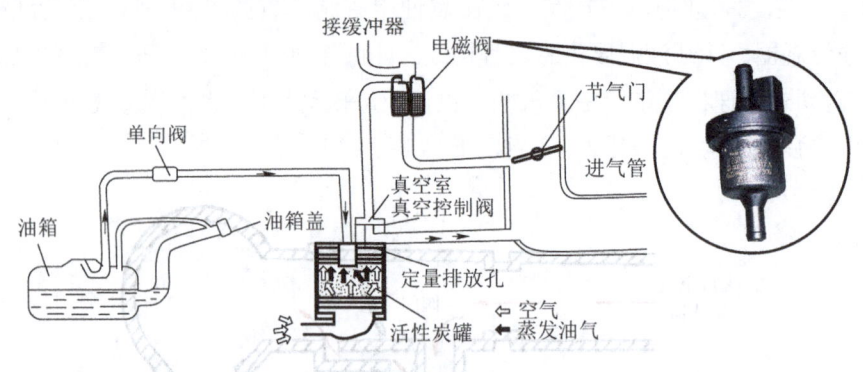

图 1-1-12　汽油蒸气排放控制系统的结构

② EGR 控制系统。

功用：将适量的废气重新引入气缸参加燃烧，以降低气缸内的最高温度，减少氮氧化合物的排放量。同时根据发动机的工况，控制废气再循环量。

结构：由 EGR 阀、EGR 电磁阀、传感器、真空软管、ECU 等构成，如图 1-1-13 和图 1-1-14 所示。ERG 阀实物如图 1-1-15 所示。

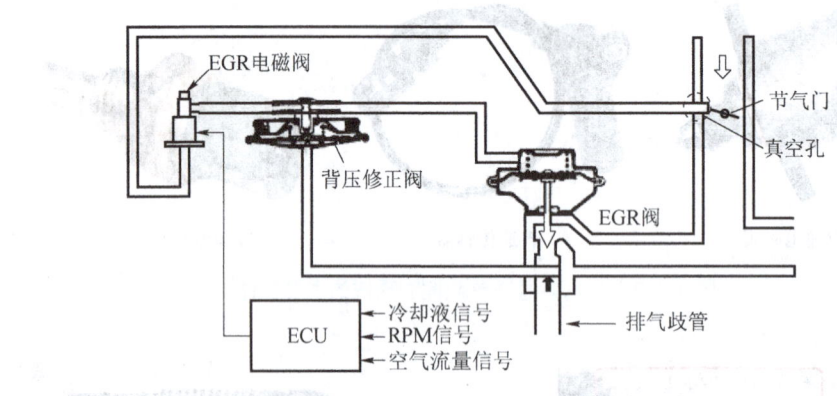

图 1-1-13　EGR 控制系统的结构（一）

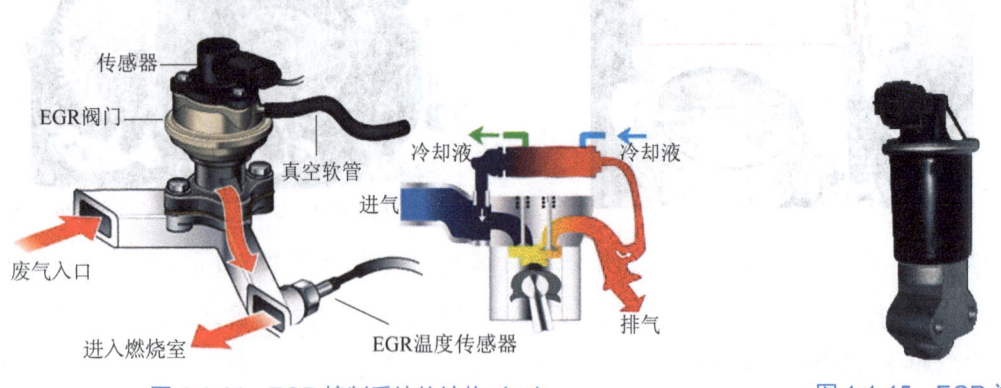

图 1-1-14　EGR 控制系统的结构（二）

图 1-1-15　EGR 阀

工作原理：EGR 阀与进气歧管和排气歧管相连，通过真空管控制阀门的开启程度，决定传到进气歧管中的废气量。通过传感器，根据发动机的不同工况调节 EGR 阀的打开与关闭。

由于排气温度为 700℃～800℃，而汽油燃点为 415℃～530℃，因此 EGR 阀需用冷却液对排气降温。

(3) 涡轮增压控制系统。

功用：提高发动机进气密度，从而增大进气量，提高发动机的转矩和功率。

结构：由涡轮增压器、中冷器、进气管等构成，如图 1-1-16 所示。涡轮增压器实物如图 1-1-17 所示。

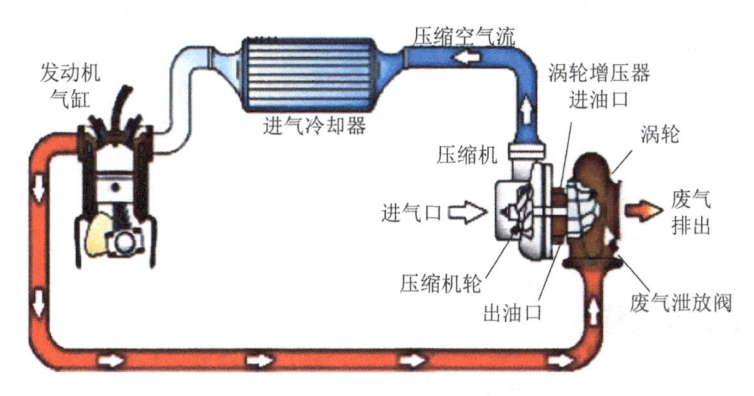

图 1-1-16　涡轮增压系统的结构

图 1-1-17　涡轮增压器实物

任务实施

1. 准备工作

准备发动机电子控制系统挂图、PPT 课件。

2. 实施过程

观看发动机电子控制系统挂图，熟悉发动机电子控制系统的结构。

任务检验

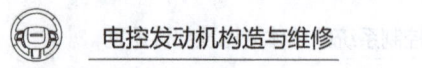

任务结束后，完成以下项目工作页。

班级		姓名		学号	

一、填空题

1. 发动机电子控制系统的基本组成部分是＿＿＿＿＿、＿＿＿＿＿、＿＿＿＿＿。

2. 发动机主要电子控制系统包括＿＿＿＿＿和＿＿＿＿＿。

3. 电子控制点火系统由＿＿＿＿＿、＿＿＿＿＿、＿＿＿＿＿、＿＿＿＿＿、＿＿＿＿＿、＿＿＿＿＿等部分构成。

4. 电子控制燃油供给系统由＿＿＿＿＿、＿＿＿＿＿、＿＿＿＿＿、＿＿＿＿＿、＿＿＿＿＿等部分构成。

5. 发动机辅助电子控制系统包括＿＿＿＿＿、＿＿＿＿＿、＿＿＿＿＿等。

二、看图写出部件名称

1. 写出电子控制点火系统中各部件的名称。

＿＿＿＿＿   ＿＿＿＿＿   ＿＿＿＿＿

2. 写出电子控制燃油供给系统中各部件的名称。

任务二　汽油发动机电子控制系统的部件识别

学习内容

(1) 汽油发动机主要传感器的识别；
(2) ECU 及执行器的识别。

学习目标

1. 知识目标
(1) 熟悉汽油发动机主要传感器、ECU 及常见执行器的功用；
(2) 熟悉汽油发动机主要传感器、ECU 及常见执行器的安装位置。
2. 能力目标
(1) 能说出汽油发动机主要传感器、ECU 及常见执行器的功用；
(2) 能在车上找出主要传感器、ECU 及常见执行器。

任务导入

现在的汽车发动机上安装了许多不同用途、不同类型的传感器、执行器及 ECU。在用车过程中，经常会出现电控系统部件损坏的情况，在对汽车故障进行检修时，只有先认识发动机上安装的部件，才能完成检测及拆装任务。

收集资料

一、传感器

1. 主控信号传感器

1）曲轴位置传感器

(1) 功用：用来检测发动机的曲轴转角和发动机的转速信号，并把检测到的转角和转速信号变成电信号输入 ECU，ECU 根据该信号（该信号是发动机的主控信号）确定发动机的点火时刻和喷油时刻。

(2) 种类：磁感应式曲轴位置传感器、霍尔式曲轴位置传感器和光电式曲轴位置传感器，如图 1-2-1 所示。其中，磁感应式曲轴位置传感器和霍尔式曲轴位置传感器应用最广泛。

磁感应式曲轴位置传感器　　　　霍尔式曲轴位置传感器　　　　光电式曲轴位置传感器

图 1-2-1　曲轴位置传感器实物

(3) 曲轴位置传感器的区分方法。

① 看汽车发动机控制系统电气原理图。

磁感应式传感器原理图上一般有线圈符号标志；霍尔式传感器原理图上一般有电子元件（晶体管）符号标志，如图 1-2-2 和图 1-2-3 所示。

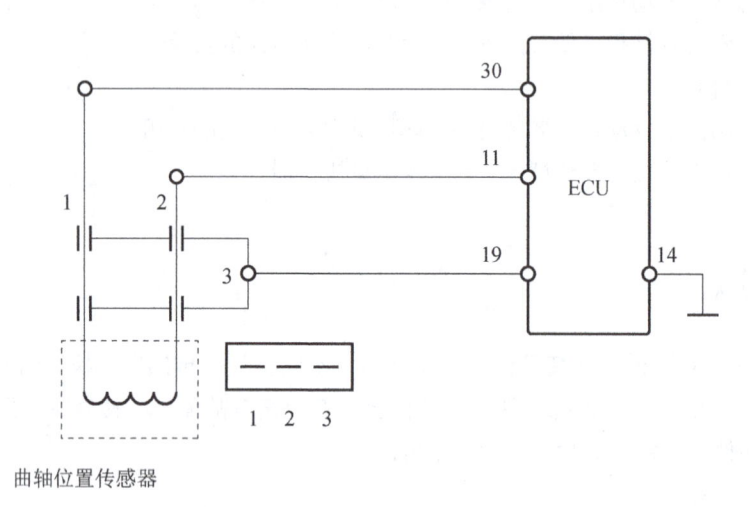

图 1-2-2　磁感应式传感器

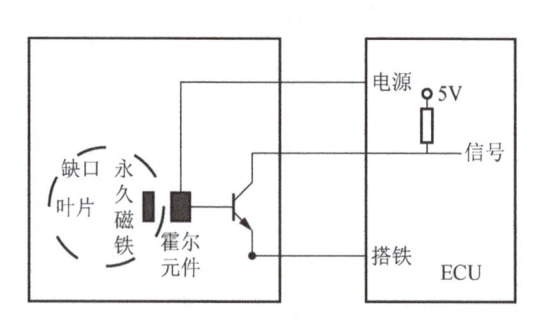

图 1-2-3　霍尔式传感器

② 测量传感器连接端子电压。

打开点火开关，不起动发动机：磁感应式传感器连接端子一般无电压显示；霍尔式传感器连接端子有 4.5～5.5V 电压。

(4) 安装位置

① 安装在分电器内,如图 1-2-4 所示。

② 安装在曲轴前端曲轴皮带轮旁边,如图 1-2-5 所示。

图 1-2-4　安装在分电器内的曲轴位置传感器　　图 1-2-5　卡罗拉轿车安装在皮带轮旁的曲轴位置传感器

③ 安装在曲轴后端飞轮壳上(图 1-2-6)或飞轮旁边的气缸体下部。

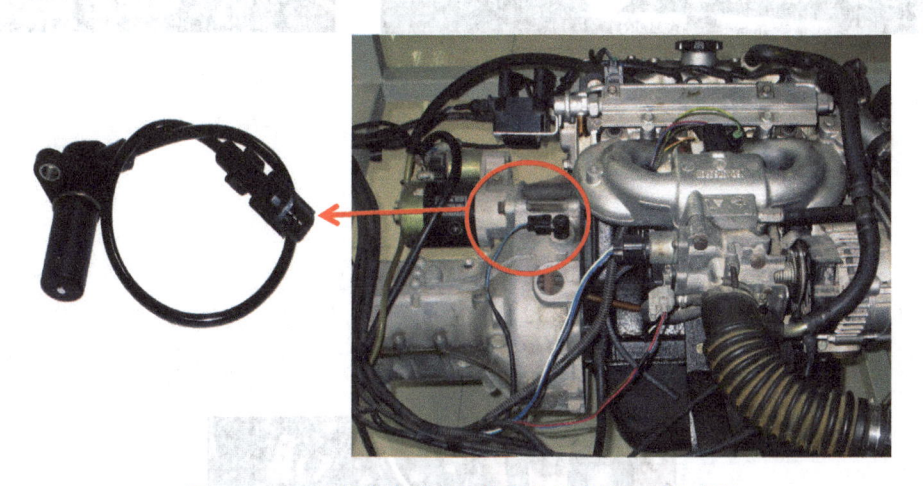

图 1-2-6　五菱轿车安装在飞轮壳上的曲轴位置传感器

2) 凸轮轴位置传感器

(1) 功用:检测配气凸轮轴的位置信号,并将检测到的信号转换成电信号输入 ECU,ECU 根据该信号识别一缸和其余各缸压缩上止点位置,实现对各缸喷油正时和点火正时的控制。

(2) 安装位置:安装在配气凸轮轴正时皮带轮前、后端附近缸盖罩上,如图 1-2-7 ~ 图 1-2-9 所示。

图 1-2-7　花冠轿车凸轮轴位置传感器的安装位置　　图 1-2-8　卡罗拉轿车凸轮轴位置传感器的安装位置

图 1-2-9　大众轿车发动机凸轮轴位置（相位）传感器的安装位置

（3）种类：磁感应式凸轮轴位置传感器、霍尔式凸轮轴位置传感器和光电式凸轮轴位置传感器。

3）空气流量传感器（又称空气流量计）

（1）功用：用于检测进气管的空气进气量，并将进气量信息转换成电信号输入发动机ECU，ECU 根据该信号确定发动机基本喷油量和点火正时。

（2）安装位置：安装在空气滤清器与节气门体之间的进气软管上，如图 1-2-10 所示。

图 1-2-10　空气流量传感器的安装位置

（3）种类：翼片式空气流量传感器、热线式空气流量传感器（图1-2-11）、热膜式空气流量传感器（图1-2-12）和卡门旋涡式空气流量传感器（图1-2-13）。其中，热线式空气流量传感器和热膜式空气流量传感器最常用，翼片式空气流量传感器已基本淘汰。

图1-2-11　热线式空气流量传感器

应用车型：大众时代超人

图1-2-12　热膜式空气流量传感器

应用车型：别克、日产、沃尔沃、福特、卡罗拉、凯美瑞等

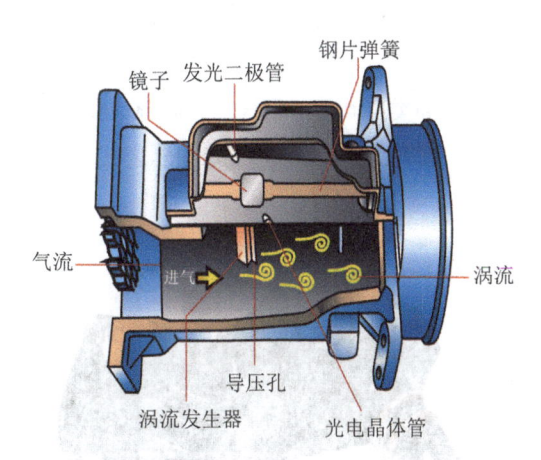

图1-2-13　卡门旋涡式空气流量传感器

应用车型：雷克萨斯、五菱等

4）进气歧管绝对压力传感器（简称进气压力传感器）

（1）功用：在发动机工作时，检测发动机进气歧管内的压力，将检测到的压力信号转换成电信号输入发动机ECU，ECU根据该信号确定发动机的负荷状况，以便确定发动机的喷油量。

（2）安装位置：安装在进气歧管上，如图1-2-14～图1-2-17所示。

图 1-2-14　花冠轿车进气压力
传感器的安装位置

图 1-2-15　比亚迪 F3 轿车进气压力
传感器的安装位置

图 1-2-16　雪铁龙轿车进气压力
传感器的安装位置

图 1-2-17　五菱轿车进气压力
传感器的安装位置

（3）种类：可变电阻式、半导体压敏电阻式（图 1-2-18）、电容式（图 1-2-19）、膜盒式等。其中，压敏电阻式进气压力传感器由于尺寸小、成本低、响应快、精度高、抗震性好等，应用最广泛。

图 1-2-18　压敏电阻式进气压力传感器

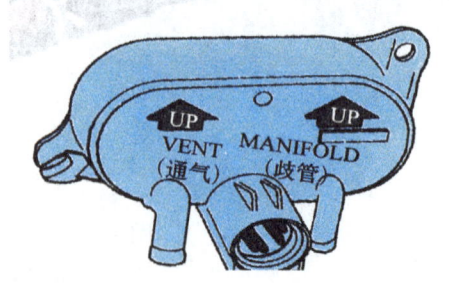

图 1-2-19　福特轿车电容式进气压力传感器

5）节气门位置传感器

（1）功用：用来检测节气门的开度，将检测到的节气门开度信号转换成电信号输入发动机 ECU，ECU 根据该信号判别发动机的工况，控制燃油喷射量、点火正时、废气再循环、空调、怠速及自动变速器换挡等功能和参数。

(2) 安装位置：安装在节气门体的侧面，如图 1-2-20 和图 1-2-21 所示。

图 1-2-20　五菱轿车节气门位置传感器的安装位置　　图 1-2-21　花冠轿车节气门位置传感器的安装位置

(3) 种类：开关触点式（现代汽车已不用）、滑线电阻式（三线，图 1-2-22）和综合式（触点式 + 滑线电阻式，四线，图 1-2-23）。

图 1-2-22　滑线电阻式节气门位置传感器　　图 1-2-23　综合式节气门位置传感器

现代大部分中、高级轿车的节气门位置传感器与怠速电动机及怠速触点装在节气门体上，构成电子节气门总成，如图 1-2-24 所示。

图 1-2-24　电子节气门总成

2. 修正信号传感器

1) 进气温度传感器

(1) 功用：用来检测发动机的进气温度，将检测到的温度信号转换成电信号输入发动机 ECU，ECU 根据该信号对发动机喷油量、点火正时、加速增油、废气再循环等控制进行修正。

(2) 安装位置：

① 安装在进气管上，如图 1-2-25 所示。

图 1-2-25 安装在进气管上的进气温度传感器

② 与进气压力传感器合装在一起（如五菱发动机），如图 1-2-26 所示。
③ 与空气流量传感器合装在一起（如卡罗拉轿车），如图 1-2-27 所示。

图 1-2-26 与进气压力传感器合装在一起的进气温度传感器

图 1-2-27 与空气流量传感器合装在一起的进气温度传感器

2) 冷却液温度传感器

(1) 功用：用来检测发动机冷却液温度，并将检测到的冷却液温度信号转换成电信号输入发动机 ECU，ECU 根据该信号对喷油量、点火正时、废气再循环、怠速等控制进行修正。

(2) 安装位置：安装在发动机冷却液管路上（大多数装在节温器、水泵附近），如图 1-2-28～图 1-2-30 所示。

图 1-2-28　五菱轿车冷却液温度传感器的安装位置

图 1-2-29　花冠轿车冷却液温度传感器的安装位置

图 1-2-30　大众轿车冷却液温度传感器的安装位置

3）氧传感器

（1）功用：用来检测发动机排放废气中的含氧量，将检测到的含氧量信号转换成电信号输入发动机 ECU，ECU 根据该信号对喷油量进行修正，实现空燃比反馈控制，将空燃比控制在 14.7 左右，使发动机获得最佳的混合气，降低有害气体排放。

（2）安装位置：安装在排气管上，如图 1-2-31 所示。

图 1-2-31　氧传感器的安装位置

4）爆燃传感器

（1）功用：用于检测发动机产生的爆燃，把检测到的爆燃信号转换成电信号输入发动机 ECU，ECU 根据该信号对点火正时进行修正，推迟点火以减小发动机的爆燃。

(2)安装位置：安装在发动机气缸体侧面的中部、上部，如图1-2-32和图1-2-33所示。

图1-2-32　爆燃传感器的安装位置（一）

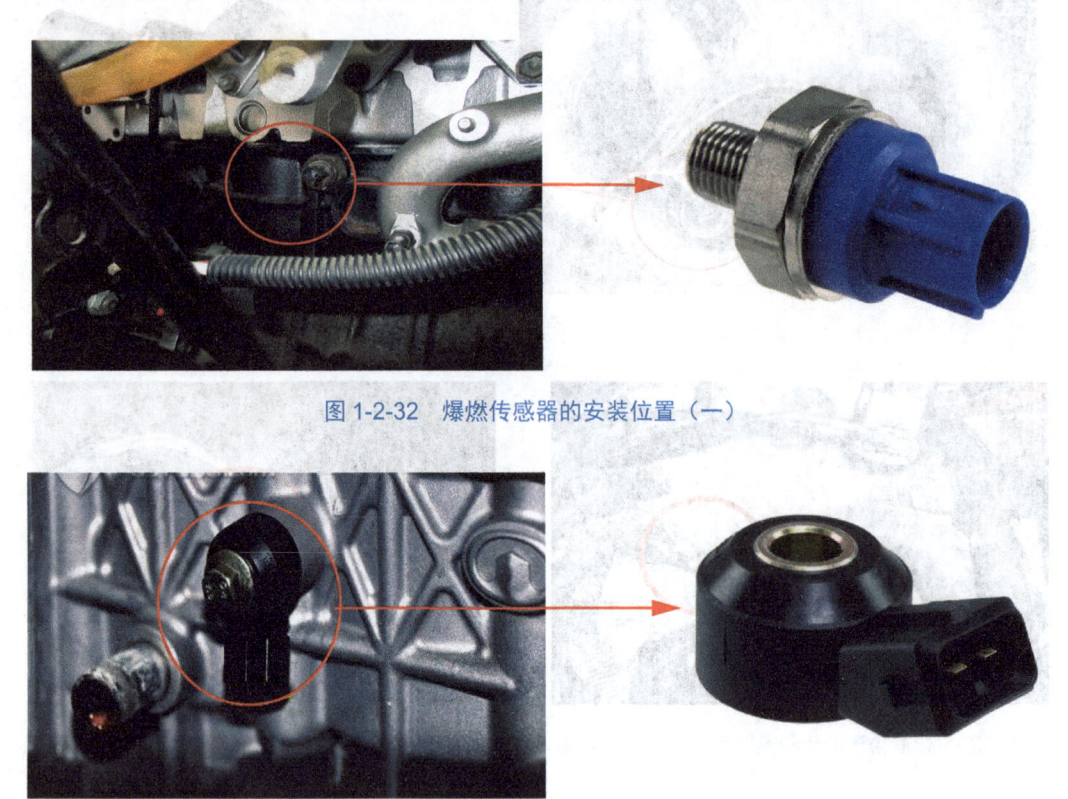

图1-2-33　爆燃传感器的安装位置（二）

二、ECU

1. 功用

根据内存的程序，对发动机各种开关、传感器输入的信息进行判断、计算、处理，然后输出指令，控制有关执行器动作，达到快速、准确、自动控制发动机工作的目的。

2. 基本功能

（1）接收传感器和其他装置输入的信息，给传感器提供5V、9V、12V的基准电压，并将输入的信息转变为微机能接收的信号。

（2）存储、计算、分析处理信息，计算输出值所用的程序，存储该车型的参数，存储运算中的数据及故障信息。

（3）根据信息参数求出执行命令数值；将输出的信息与标准值比较，查出故障。

（4）输出执行命令及故障信息。

（5）自我修正功能。

3. 安装位置

ECU 一般安装在发动机舱内的蓄电池旁边或驾驶室汽车音响后下方，或杂物箱旁翼子板内。

ECU 安装位置案例如图 1-2-34 和图 1-2-35 所示。

图 1-2-34　大众捷达轿车 ECU 的安装位置

09款以后的蒙迪欧致胜轿车的ECU位于左前轮毂板前方，和福克斯轿车的ECU位置一致。

图 1-2-35　蒙迪欧轿车 ECU 的安装位置

三、执行器

1. 怠速控制阀

怠速控制阀又称怠速阀、怠速电动机，如图 1-2-36 和图 1-2-37 所示。

图 1-2-36　步进电动机式怠速阀 　　　　　图 1-2-37　旋转滑阀式怠速阀

(1) 功用：怠速工况下，通过控制怠速步进电动机开大或关小节气门旁通道（怠速空气量孔）来控制怠速空气进气量，从而控制发动机怠速，缩短发动机暖机时间，避免车辆低速转向、开启空调、换挡时发动机熄火，并保证发动机在各种负荷下的怠速稳定。

(2) 安装位置：安装在节气门体的侧面或底部，如图 1-2-38 和图 1-2-39 所示。

图 1-2-38　五菱轿车怠速阀的安装位置 　　　　图 1-2-39　花冠轿车怠速阀的安装位置

(3) 种类：常见的有步进电动机式怠速阀（图 1-2-36）和旋转滑阀式怠速阀（图 1-2-37）。

2. 点火模块

点火模块又称点火控制器，如图 1-2-40 所示。

(1) 功用：用来接通或断开点火线圈一次绕组的电流，使二次侧产生感应电动势。

(2) 安装位置：一部分安装在点火线圈旁或点火线圈内部（图 1-2-41），一部分安装在发动机 ECU 内。

图 1-2-40　点火模块实物

图 1-2-41　带点火模块的点火线圈

3. 炭罐电磁阀（图 1-2-42）

图 1-2-42　炭罐电磁阀实物

（1）功用：用来控制燃油箱中的燃油蒸气适时、定量地排入进气歧管进入气缸燃烧，以节省燃油，降低燃油蒸气的排放污染。

（2）安装位置（图 1-2-43 和图 1-2-44）：

① 直接安装在进气歧管上。

② 安装在进气歧管附近，用一根橡胶软管与进气歧管相连。

图 1-2-43　爱丽舍轿车炭罐电磁阀 　　　　图 1-2-44　比亚迪 F3 轿车炭罐电磁阀

4.EGR 阀（图 1-2-45）

（1）功用：在发动机中、小负荷，中、高速工况下，将少量燃烧后的废气送回燃烧室，

使混合气变稀，降低点火燃烧时的燃烧温度，减少燃烧废气中 NO_x 的排放量，降低污染。

图 1-2-45　EGR 实物

（2）安装位置：安装在发动机进气歧管旁边，如图 1-2-46 和图 1-2-47 所示。

图 1-2-46　比亚迪轿车 EGR 阀的安装位置 　　　图 1-2-47　雪佛兰轿车 EGR 阀的安装位置

5. 喷油器（图 1-2-48）

图 1-2-48　喷油器实物

（1）功用：根据发动机 ECU 发出的喷油指令，将具有一定压力、计算精确的燃油喷入进气门附近的进气歧管内。

（2）安装位置（图 1-2-49）：缸外直喷系统安装在进气歧管进气门上方，缸内直喷系统安装在进气门旁的缸盖上。

图 1-2-49　喷油器的安装位置

（3）种类：按喷口形式不同，喷油器可分为孔式喷油器和轴针式喷油器；按电磁线圈电阻不同，喷油器可分为低阻（2～4Ω）喷油器和高阻（12～18Ω）喷油器。

6. 电动燃油泵（图 1-2-50）

图 1-2-50　电动燃油泵实物

（1）功用：把燃油从燃油箱中吸出、加压后输送到供油管中，与燃油压力调节器配合建立一定的燃油压力，并保证向喷油嘴供应持续的燃油。

（2）安装位置：安装在燃油箱内，如图 1-2-51 所示。

图 1-2-51　电动燃油泵的安装位置

任务实施

1. 准备工作

准备不同类型的汽车发动机实训台架、不同品牌的整车、手电筒。

2. 实施过程

（1）在发动机实训台架上找出五种主控信号传感器。

（2）在整车上找出五种主控信号传感器。

（3）在五菱汽车发动机上找出曲轴位置传感器、进气压力传感器、节气门位置传感器、冷却液温度传感器、进气温度传感器、氧传感器。

（4）在大众轿车发动机上找出曲轴位置传感器、空气流量传感器、节气门位置传感器、冷却液温度传感器、进气温度传感器、氧传感器、爆燃传感器。

（5）在卡罗拉轿车发动机上找出曲轴位置传感器、凸轮轴位置传感器、空气流量传感器、节气门位置传感器、冷却液温度传感器、进气温度传感器、氧传感器、爆燃传感器。

（6）在雪佛兰轿车发动机上找出曲轴位置传感器、凸轮轴位置传感器、进气压力传感器、节气门位置传感器、冷却液温度传感器、进气温度传感器、氧传感器、爆燃传感器。

（7）分小组在整车上找出发动机 ECU。

（8）分小组在五菱、大众、卡罗拉、雪铁龙轿车发动机台架上找出怠速阀、喷油器、电动燃油泵、炭罐电磁阀、EGR 阀。

（9）分小组在五菱、大众、卡罗拉、雪铁龙轿车上找出怠速阀、喷油器、电动燃油泵、炭罐电磁阀、EGR 阀。

任务检验

任务结束后，完成以下项目工作页。

班级		姓名		学号	
1. 填写下图中五菱轿车发动机圆圈处传感器的名称。					

续表

班级		姓名		学号	

2. 写出下图中卡罗拉轿车发动机圆圈处部件的名称。

3. 写出下图中花冠轿车发动机圆圈处部件的名称。

续表

班级		姓名		学号	

4. 写出下图中部件的名称及功用。

名称：
功用：

名称：
功用：

名称：
功用：

名称：
功用：

名称：
功用：

项目二　汽油发动机电子控制系统的部件检测

任务一　曲轴与凸轮轴位置传感器的检测

学习内容

(1) 曲轴与凸轮轴位置传感器电阻的检测；
(2) 曲轴与凸轮轴位置传感器电压的检测。

学习目标

1. 知识目标
(1) 熟悉曲轴与凸轮轴位置传感器的电阻参数和电压参数；
(2) 学会测量曲轴与凸轮轴位置传感器电阻和电压的方法。
2. 能力目标
(1) 能正确使用检测仪器；
(2) 能正确检测曲轴与凸轮轴位置传感器的电阻和电压；
(3) 能根据检测参数判断曲轴与凸轮轴位置传感器的性能。

任务导入

汽车的曲轴位置传感器或其本身线路损坏，发动机会出现以下故障：无法起动、动力下降、容易熄火、怠速不稳。

作为汽车维修及管理人员，必须了解、熟悉曲轴与凸轮轴位置传感器的结构及工作原理，会检测传感器及其线路，这样才能准确判断传感器及其线路的故障。

> **收集资料**

部件性能判断方法有万用表检测判断、动作测试判断、换件试车判断。

万用表检测包括部件检测和线束检测。

动作测试包括蓄电池直接通电测试和解码仪动作测试。

1. 磁感应式曲轴与凸轮轴位置传感器的结构与工作原理

1）结构

磁感应式曲轴与凸轮轴位置传感器由转子和定子两部分构成。磁感应式曲轴位置传感器的结构如图 2-1-1 所示。

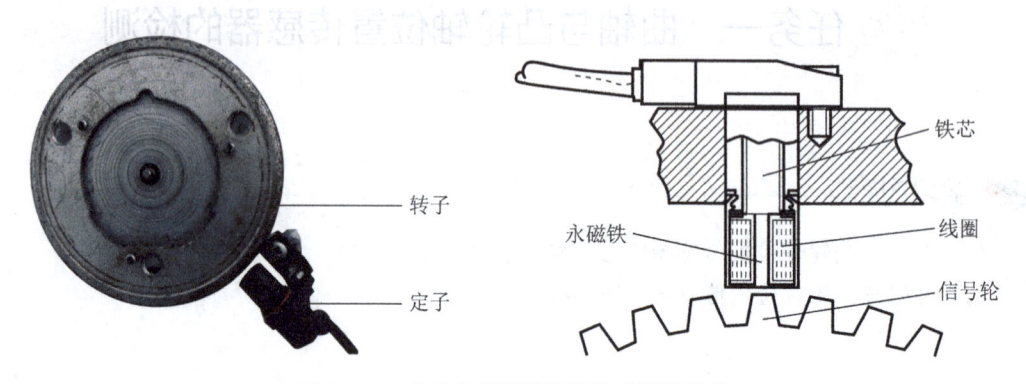

图 2-1-1 磁感应式曲轴位置传感器的结构

（1）转子（信号轮）：固定在分电器轴或曲轴上，部分发动机转子由发动机飞轮充当，随发动机曲轴一起转动。转子上有 4 个或 24 个信号齿，每转过一个信号齿，曲轴转动 90°或 15°，以此可以依据传感器转子转过的齿数来判断曲轴转动的位置和转速。

（2）定子：固定在发动机机体上，由线圈、铁心、永久磁铁组成（图 2-1-2）。转子与定子之间的空气间隙为 0.2～0.4mm，使用中不能随意变动。

2）工作原理

如图 2-1-2 所示，当转子旋转时，永久磁铁的磁力线、磁路中的气隙周期性地产生变化，磁路的磁阻和穿过线圈磁头的磁通量随之发生周期性变化。根据电磁感应原理，传感线圈产生交变电动势。

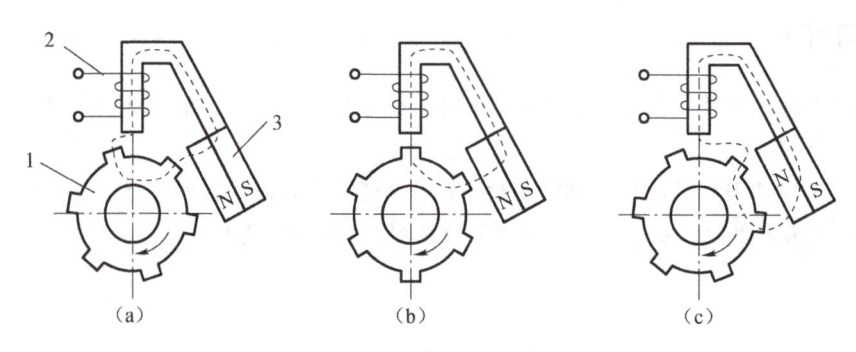

图 2-1-2 磁感应式传感器的工作原理图

1—转子；2—线圈；3—永久磁铁

3) 电气原理图

磁感应式传感器的电气原理图如图 2-1-3 所示。

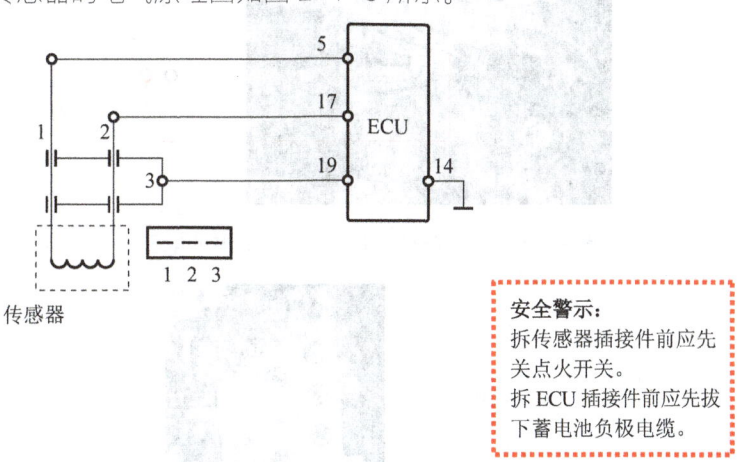

> **安全警示：**
> 拆传感器插接件前应先关点火开关。
> 拆 ECU 插接件前应先拔下蓄电池负极电缆。

图 2-1-3　磁感应式传感器的电气原理图

1—电源线；2—搭铁线；3—屏蔽线

4) 磁感应式传感器的万用表检测

检测内容：传感器电阻、工作电压、线束导通性、搭铁性能。

(1) 测传感器电阻。

检测条件：拆下传感器。

检测方法：如图 2-1-4 所示。

图 2-1-4　测传感器的电阻

参数范围：正常电阻为 0.5～3kΩ。

(2) 测工作电压。

检测条件：装好传感器插接件和传感器，起动发动机。

检测方法：如图 2-1-5 所示。

参数范围：0.3～3V。

(3) 测线束导通性及搭铁性能。

① 万用表挡位：蜂鸣挡。

② 检测方法：如图 2-1-6 所示。1-5、2-17 应呈导通状态；插好 ECU 插接件，测搭铁端子 2 与车体的电阻，应导通且阻值为 1Ω 左右。

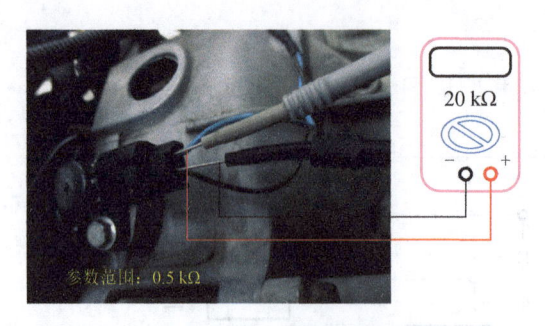

图 2-1-5　测五菱轿车曲轴位置传感器的电压

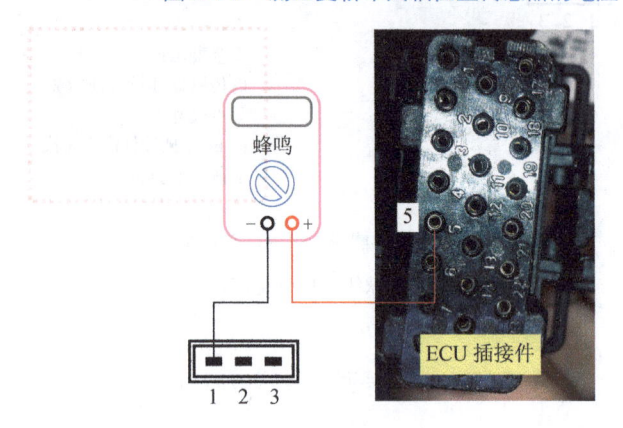

图 2-1-6　测五菱轿车传感器的线束导通性

2. 霍尔式曲轴与凸轮轴位置传感器的结构与工作原理

1）结构

霍尔式曲轴与凸轮轴位置传感器由转子（图 2-1-7）和定子（图 2-1-8）两部分构成。

图 2-1-7　霍尔传感器的转子（信号盘）　　　　图 2-1-8　霍尔传感器的定子

（1）转子（信号轮）：固定在配气凸轮轴或曲轴上，部分发动机转子由发动机飞轮充当，随发动机曲轴一起转动。转子上有信号齿，每转过一个信号齿，曲轴转动一定角度，以此可以依据传感器转子转过的齿数来判断曲轴转动的位置和转速。

（2）定子：固定在发动机机体上，定子由霍尔元件及集成电路、导磁钢片、永久磁铁等组成（图 2-1-9）。转子与定子之间的空气间隙为 0.2～0.4mm，使用中不能随意变动。

项目二　汽油发动机电子控制系统的部件检测

图 2-1-9　霍尔式凸轮轴位置传感器的内部结构

2）工作原理

如图 2-1-10 所示，当隔板（叶片）进入霍尔元件气隙时，霍尔元件不产生电压，传感器输出 5V 的高信号电压；当隔板（叶片）离开霍尔元件气隙时，霍尔元件产生电压，传感器输出 0.1V 的低信号电压。

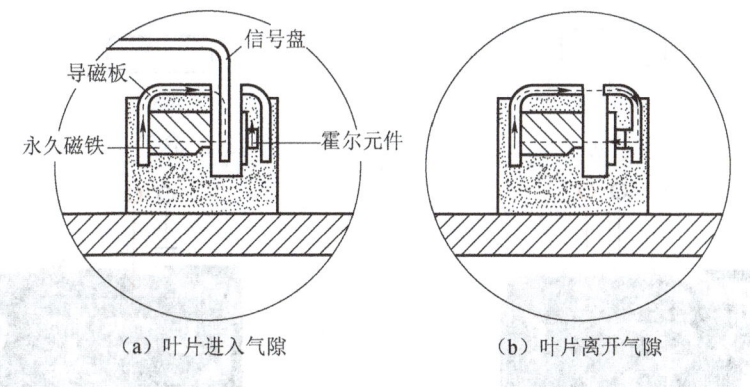

（a）叶片进入气隙　　（b）叶片离开气隙

图 2-1-10　霍尔式曲轴位置传感器的工作原理图

3）电气原理图及连接线的区分

霍尔式曲轴位置传感器的电气原理图如图 2-1-11 所示。

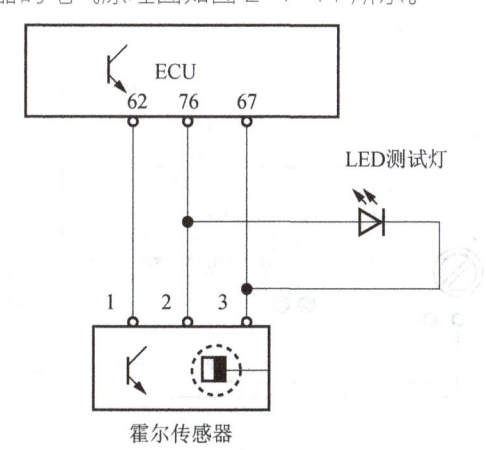

图 2-1-11　霍尔式曲轴位置传感器的电气原理图

1 号线：电源线（5V 或 12V）。
2 号线：信号线（在 0.1～4.5V 变化）。

3号线：搭铁线（搭铁电阻在 1Ω 以下）。

4）霍尔式曲轴位置传感器的万用表检测

检测内容：测搭铁性能、基准电压、信号电压、线束导通性。

（1）测搭铁性能。

检测条件：拔下传感器插接件。

检测方法：如图 2-1-12 所示。

参数范围：电阻应为 1Ω 以下。

（2）测基准电压。

检测条件：拔下传感器插接件，打开点火开关。

检测方法：如图 2-1-13 所示。

参数范围：电压应为 4.5～5.5V 或 9～12V。

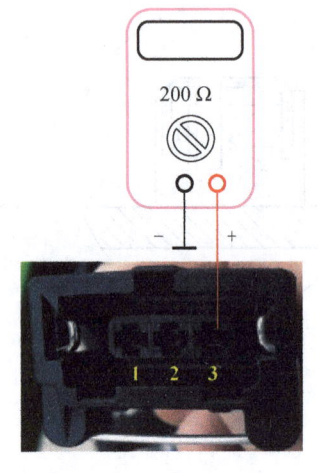

图 2-1-12　测搭铁性能　　　　图 2-1-13　测基准电压

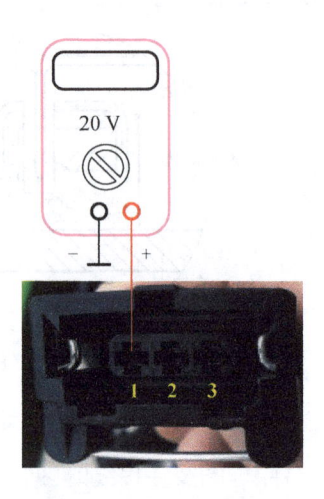

（3）测信号电压。

检测条件：插好传感器插接件，发动机怠速、中速、高速运转。

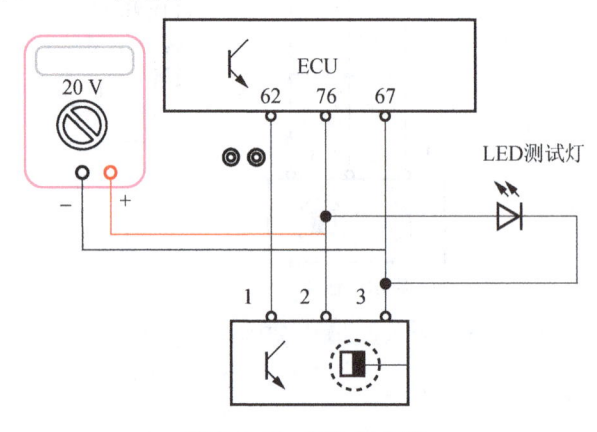

检测方法：如图 2-1-14 所示。

图 2-1-14　测信号电压

参数范围：电压应在 0.1～4.5V 变化（标准参数参考该车型维修手册）。
(4) 测线束导通性。
检测条件：拔下传感器插接件和 ECU 插接件。
万用表挡位：蜂鸣挡位置。
检测方法：与磁感应式传感器相同。
参数范围：电阻应为 1Ω 以下。

任务实施

1. 准备工作

准备五菱车或卡罗拉、大众、雪铁龙轿车，手电筒、维修手册、常用工具、车轮挡块、三件套（左、右翼子板布和前格栅布）。

2. 实施过程

(1) 安放车轮挡块、翼子板布、前格栅布，变速杆置于 P 或 N 位置。
(2) 检测磁感应式曲轴或凸轮轴位置传感器。
测量传感器的工作电压、电阻，线束电阻，搭铁电阻，并将检测参数填写在表 2-1-1 中。

表 2-1-1　磁感应式曲轴或凸轮轴位置传感器检测参数记录表

检测车型	检测内容	检测条件	检测参数	性能判断
	工作电压	起动发动机		
	传感器电阻	拔下传感器		
	线束电阻			
	搭铁电阻			

(3) 检测霍尔式曲轴或凸轮轴位置传感器。
测量传感器的信号电压、基准电压，线束电阻，搭铁电阻，将检测参数填写在表 2-1-2 中。

表 2-1-2　霍尔式曲轴或凸轮轴位置传感器检测参数记录表

检测车型	检测内容	检测条件	检测参数	性能判断
	信号电压	起动发动机		
	基准电压	拔下传感器插接件，打开点火开关		

续表

检测车型	检测内容	检测条件	检测参数	性能判断
	线束电阻	拔下传感器插接件和 ECU 插接件		
	搭铁电阻	拔下传感器插接件		

任务检验

任务结束后，完成以下项目工作页。

班级		姓名		学号	

1. 写出下图所示传感器的类型和部件名称。

(1) 传感器类型：_____。

(2) 将部件名称填写在方框内。

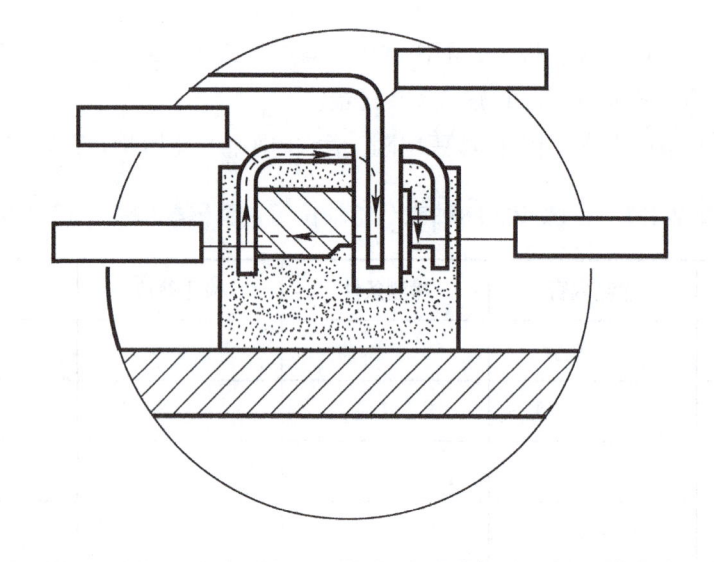

续表

| 班级 | | 姓名 | | 学号 | |

2. 如何检测磁感应式曲轴位置传感器的输出电压及判断其性能的好坏?

3. 简述检测霍尔式曲轴位置传感器的内容和检测方法。

4. 分别画出磁感应式曲轴位置传感器和霍尔式曲轴位置传感器与ECU的电路连接原理图。

任务二　空气流量计的检测

学习内容

(1) 空气流量计信号电压、电源电压的检测；
(2) 空气流量计连接导线的检测。

学习目标

1．知识目标
(1) 熟悉空气流量计的电压参数；
(2) 学会测量空气流量计信号电压、电源电压的方法。
2．能力目标
(1) 能正确使用检测仪器；
(2) 能正确检测空气流量计信号电压、电源电压；
(3) 能根据检测参数判断空气流量计的性能。

任务导入

在日常使用汽车时，可能会遇到空气流量计或其本身线路损坏的情况，空气流量计或其线路损坏，会产生以下故障：起动困难、怠速不稳、加速不良、容易熄火、燃油超耗、排气管冒黑烟。

作为汽车维修或管理人员，应了解及熟悉空气流量计的结构与工作原理，会检测空气流量计及其线路，这样才能判断空气流量计或其线路的故障，完成汽车检修任务。

收集资料

1．热线式空气流量计（MAF）

1) 热线式空气流量计的结构与工作原理
（1）结构：由防护网、采样管、铂金属丝（热丝）、温度补偿电阻等构成，如图 2-2-1 所示。

项目二　汽油发动机电子控制系统的部件检测

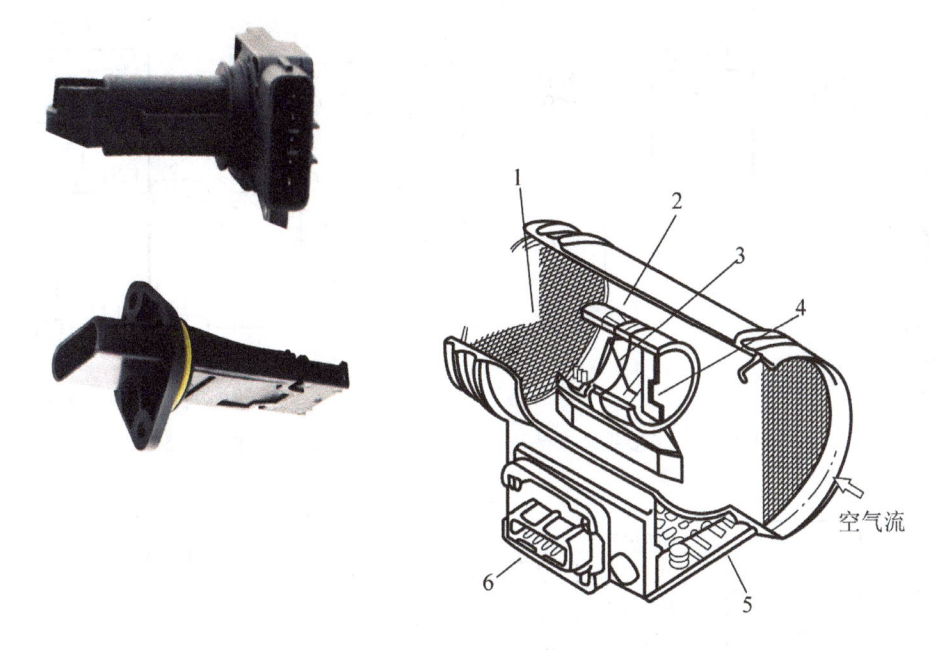

图 2-2-1　热线式空气流量计的结构

1—防止逆转屏蔽；2—采样管；3—铂金属丝；4—上游温度传感器电阻；5—电子回路；6—连接器

　　(2) 工作原理：如图 2-2-2 所示，在热线式空气流量计电路中，热线式惠斯顿电桥是电路的一部分，功率放大器给电桥四个臂供电，使电桥保持平衡，当空气进入空气流量计热丝周围后，热丝温度下降，阻值减小，热丝阻值减小使电流失去平衡，此时放大器自动增加供给热丝电流，使热丝恢复原来的温度和电阻值，电桥恢复平衡。放大器增加的电流大小取决于热丝被冷却的程度，即取决于通过空气流量计的空气流速。由于电流增加，精确电阻的电压降也增加，这就将电流变化转换成电压的变化，发动机 ECU 根据电压的变化计算出进入气缸的空气量。

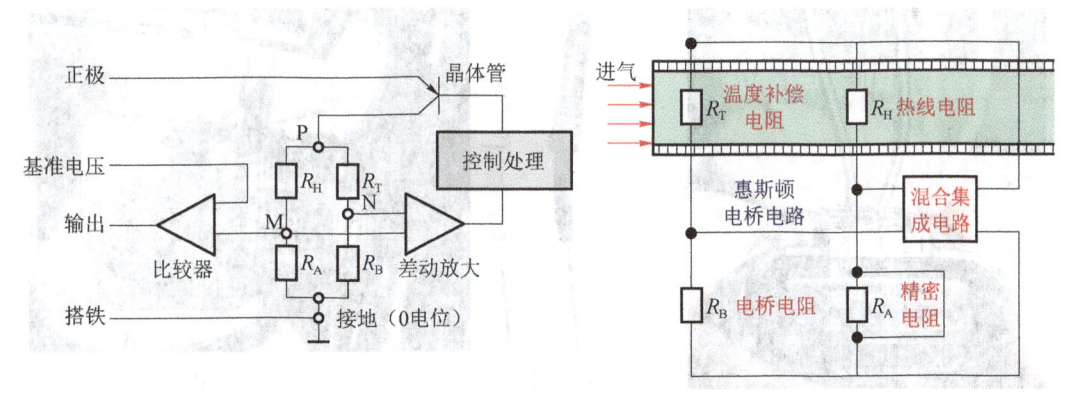

图 2-2-2　热线式空气流量计的内部结构及原理

　　(3) 电气原理图：以卡罗拉、日产轿车为例，如图 2-2-3 和图 2-2-4 所示。

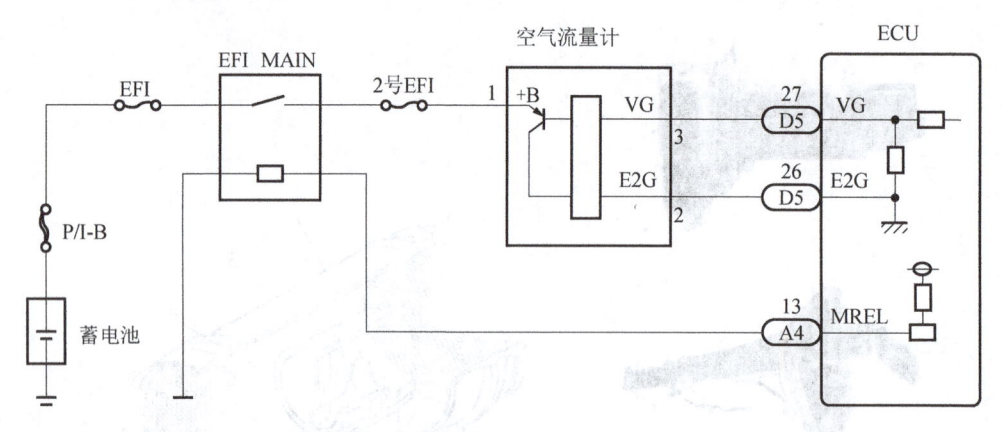

图 2-2-3　卡罗拉轿车热线式空气流量计与 ECU 的连接电路

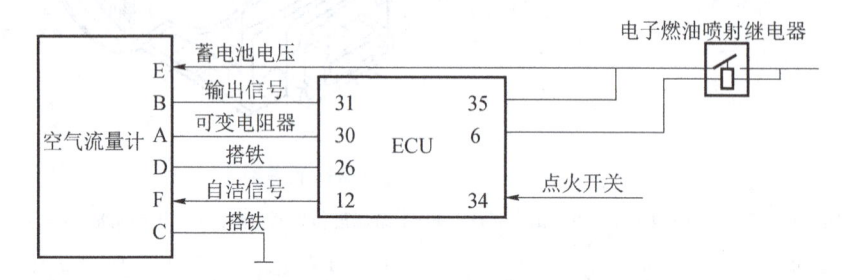

图 2-2-4　日产尼桑轿车热线式空气流量计与 ECU 的连接电路

自洁功能：发动机转速超过 1500r/min，关闭点火开关使发动机熄火后，控制系统自动将热线电阻器加热到 1000℃以上并保持 1s，以粉碎热线上的粉尘，确保检测精度。

2）热线式空气流量计的检测（以卡罗拉轿车为例）

（1）测信号电压（VG）。空气流量计插接件端子如图 2-2-5 所示，测试针和空气流量计实物如图 2-2-6 所示。

图 2-2-5　空气流量计插接件端子

图 2-2-6　测试针和空气流量计实物

（a）测试针　　（b）空气流量计实物

检测条件：灰测试针插入空气流量计 VG 插孔，黑测试针插入 E2，起动发动机。

万用表量程：直流 20V。

检测方法：红表笔接灰测试针，黑表笔接黑测试针。

参数范围：VG 电压为 1.1～3.5V。不起动发动机时为 1～1.5V，怠速时为 2.2～2.5V，中速时为 3.3～3.5V。

（2）测电源电压（+B）。

检测条件：拔下空气流量计插接件，打开点火开关。

万用表量程：直流 20V。

检测方法：如图 2-2-7 所示。

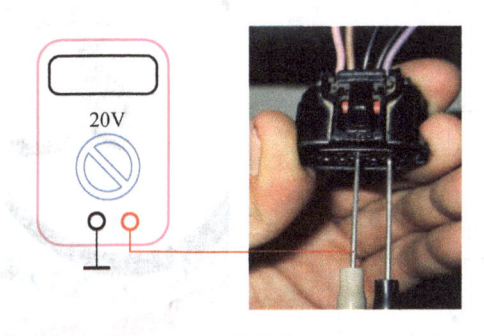

图 2-2-7　测电源电压（+B）

参数范围：+B 端子电压在 11.5V 以上。

（3）测连接导线及搭铁性能。

① 传感器与 ECU 之间的连接线。测 2 与 26、3 与 2 之间的连接导线，应呈导通状态（以图 2-2-3 卡罗拉轿车空气流量计电路为例）。

② 搭铁线。插好 ECU 插接件，搭铁线 2 脚与车体应导通且电阻值在 1Ω 左右。

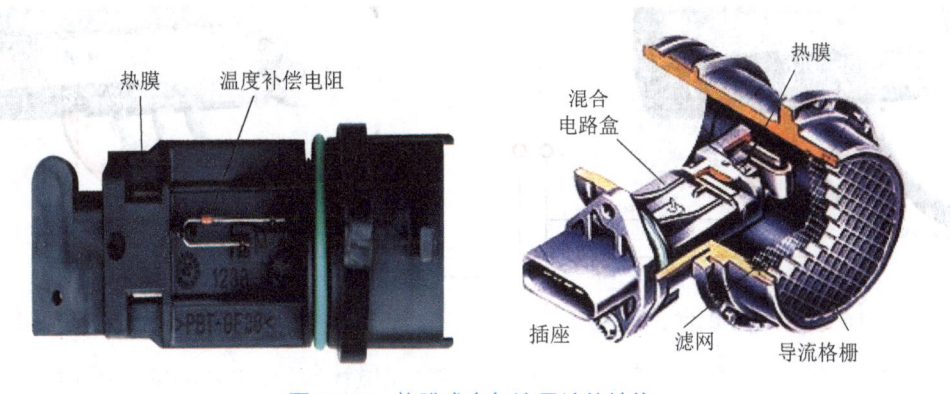

2. 热膜式空气流量计

1）热膜式空气流量计的结构与工作原理

（1）结构：由导流格栅、滤网、混合电路盒、热膜、温度补偿电阻、插座等构成，如图 2-2-8 所示。

图 2-2-8　热膜式空气流量计的结构

(2) 工作原理：与热线式空气流量计基本相同，只是把热线改成了热膜。该结构不直接承受空气流动所产生的作用力，因而提高了空气流量计的可靠性。

(3) 电气原理图：如图 2-2-9 所示。

2) 热膜式空气流量计的检测（以大众时代超人轿车为例）

检测内容：信号电压、电源电压、基准电压、线束电阻、搭铁性能。

(1) 测信号电压（VG）。

检测条件：测试针插入空气流量计插接件的 5 孔和 3 孔（图 2-2-10），起动发动机。

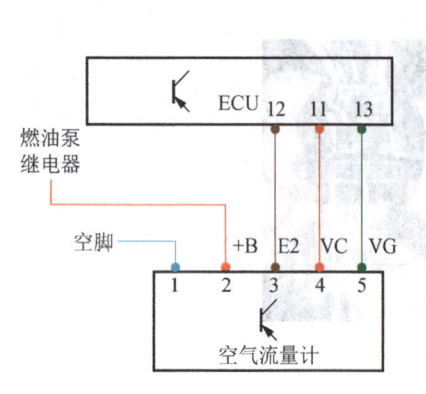

图 2-2-9　大众轿车热膜式空气流量计电气原理图

图 2-2-10　大众轿车空气流量计插接件

万用表量程：直流 20V。

检测方法：红表笔接 5 孔测试针，黑表笔接 3 孔测试针，如图 2-2-11 所示。

参数范围：VG 电压随发动机的转速在 1.1～3.5V 变化。

(2) 测电源电压（+B）和基准电压（VC）。

检测条件：拔下流量计插接件，打开点火开关。

万用表量程：直流 20V。

检测方法：如图 2-2-12 所示，红表笔接 2 脚 +B 端子，黑表笔接 3 脚 E2 端子。

参数范围：+B 端子电压为 11.5V 以上，VC 电压为 5V。

红表笔换接 4 脚 VC 端子，VC 电压为 5V。

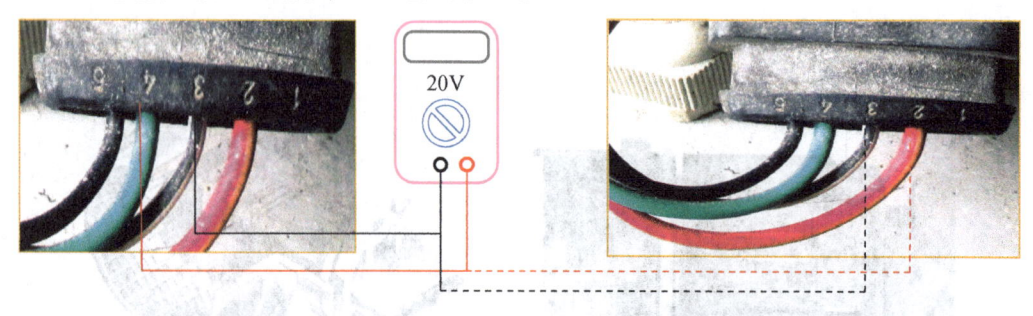

图 2-2-11　测空气流量计的信号电压

图 2-2-12　测空气流量计的电源电压

(3) 测线束电阻及搭铁性能。用万用表测空气流量计与 ECU 之间的线束导线，应导通，且电阻在 1Ω 以下；搭铁线与车体应导通，且电阻在 1Ω 以下。

项目二　汽油发动机电子控制系统的部件检测

任务实施

1. 准备工作

准备卡罗拉、大众时代超人、日产尼桑轿车发动机台架或整车，手电筒、万用表、常用工具、车轮挡块、翼子板布。

2. 实施过程

（1）安放车轮挡块、翼子板布。

（2）检测热线式空气流量计的信号电压、电源电压、线束电阻、搭铁电阻，并将检测参数填写在表 2-2-1 中。

表 2-2-1　热线式空气流量计检测参数记录表

检测车型	检测内容	检测条件	检测参数	性能判断
	信号电压	起动发动机		
	电源电压	拔下空气流量计插接件，打开点火开关		
	线束电阻	拔下空气流量计、ECU 插接件		
	搭铁电阻	拔下空气流量计插接件		

（3）检测热膜式空气流量的计信号电压、电源电压、线束电阻、搭铁电阻，将检测参数填写在表 2-2-2 中。

表 2-2-2　热膜式空气流量计检测参数记录表

检测车型	检测内容	检测条件	检测参数	性能判断
	信号电压	起动发动机		
	电源电压	拔下空气流量计插接件，打开点火开关		
	线束电阻	拔下空气流量计、ECU 插接件		
	搭铁电阻	拔下空气流量计插接件		

任务检验

任务结束后，完成以下项目工作页。

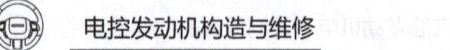

班级		姓名		学号	

1. 下图为卡罗拉轿车空气流量计与 ECU 的连接图，写出各端子的功能。

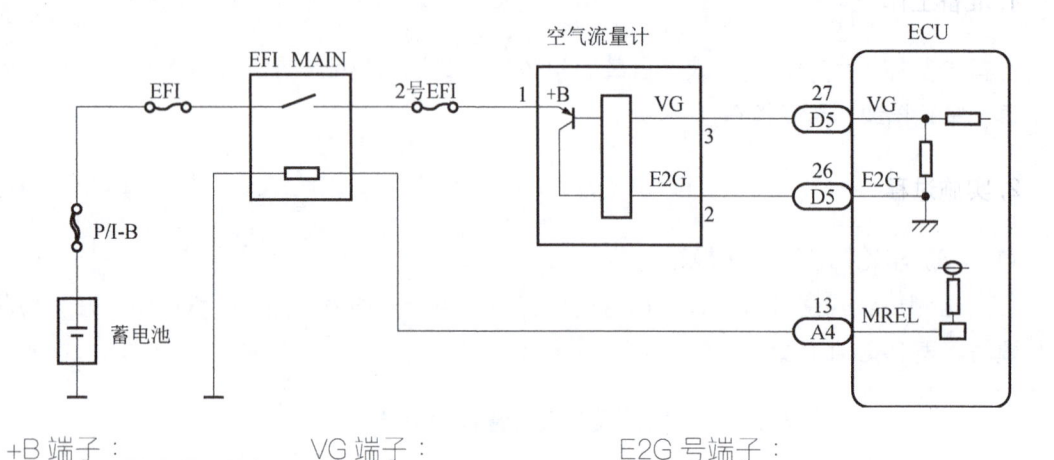

+B 端子：_____ VG 端子：_____ E2G 号端子：_____

2. 右下图为大众时代超人轿车空气流量计与 ECU 的连接图，写出各端子的功能。

2 号端子：_____
3 号端子：_____
4 号端子：_____
5 号端子：_____

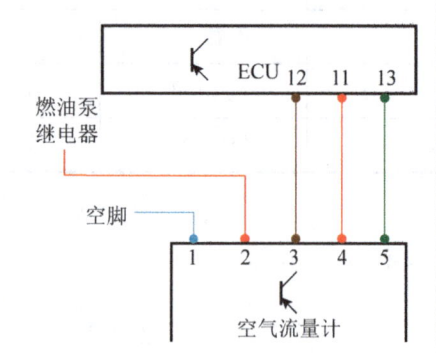

3. 如何测量热线式空气流量计的信号电压和电源电压？如何判断其性能的好坏？

4. 如何测量热膜式空气流量计的信号电压和电源电压？如何判断其性能的好坏？

5. 分别画出热线式空气流量计和热膜式空气流量计与 ECU 的电路连接原理框图。

任务三　进气压力传感器的检测

学习内容

(1) 进气压力传感器信号电压、基准电压的检测；
(2) 进气压力传感器连接导线的检测。

学习目标

1. 知识目标
(1) 熟悉进气压力传感器的电压参数；
(2) 学会测量进气压力传感器信号电压、基准电压的方法。
2. 能力目标
(1) 能正确使用检测仪器；
(2) 能正确检测进气压力传感器的信号电压、基准电压。
(3) 能根据检测参数判断进气压力传感器的性能。

任务导入

汽车发动机进气压力传感器（MAP）损坏，发动机会出现以下故障：起动困难、怠速不稳、加速不良、容易熄火、燃油超耗、排气管冒黑烟。

作为汽车维修或管理人员，应了解及熟悉进气压力传感器的结构与工作原理，学会检测传感器及其线路，这样才能判断进气压力传感器及其线路的故障，完成汽车检修任务。

收集资料

1. 进气压力传感器的结构与工作原理

1）结构

进气压力传感器由压力转换元件、混合集成（IC）电路等构成。压敏电阻式电气压力传感器的结构如图 2-3-1 所示。

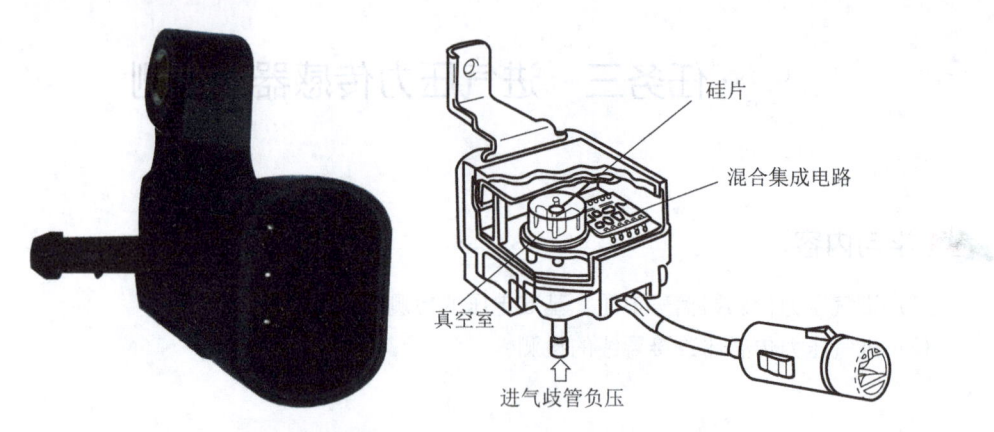

图 2-3-1　压敏电阻式进气压力传感器的结构

2）工作原理

压敏电阻式进气压力传感器的工作原理如图 2-3-2 所示。封装在真空室内的硅片，一侧受进气压力的作用，另一侧是真空，所以在进气歧管压力发生变化时，硅片产生变形，扩散在硅片上的电阻阻值改变，惠斯顿电桥将硅膜片的变形变成电信号，导致输出电压发生变化。集成电路将这一电压放大处理，作为进气歧管压力信号送给 ECU。ECU 根据该输入信号电压的高低值，确定发动机的实际进气量，进而控制喷油量。

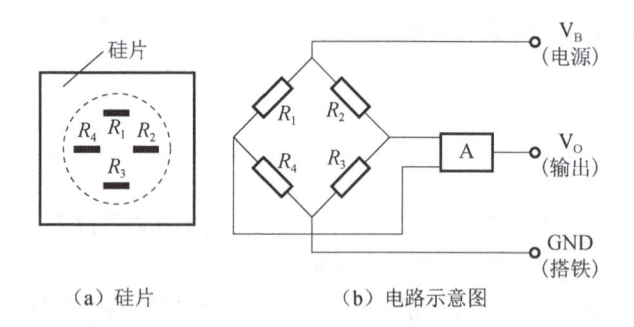

（a）硅片　　（b）电路示意图

图 2-3-2　压敏电阻式进气压力传感器工作原理图

3）电气原理图

进气压力传感器与 ECU 的连接电路如图 2-3-3 和图 2-3-4 所示。

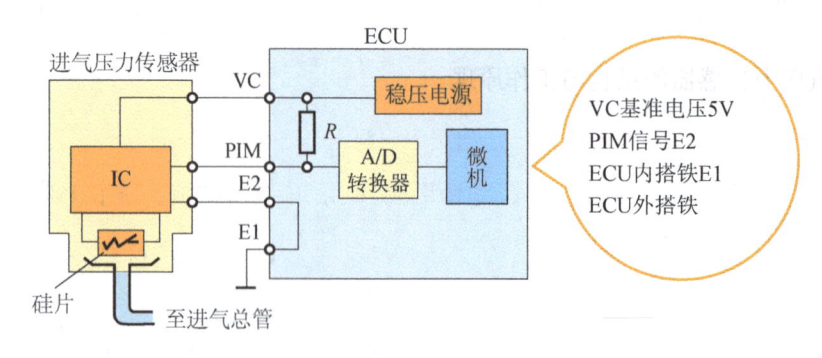

图 2-3-3　一汽花冠轿车三线进气压力传感器与 ECU 的连接电路

VC—基准电压 5V；PIM—信号；E2—ECU 内搭铁；E1—ECU 外搭铁

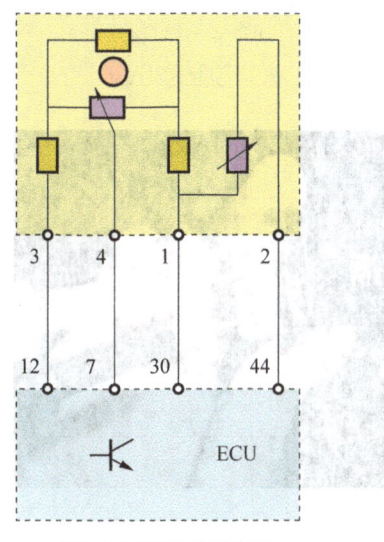

项目二　汽油发动机电子控制系统的部件检测

（a）实物　　　　　　　　　（b）与 ECU 的连接电路

图 2-3-4　雪铁龙轿车四线进气压力传感器实物及与 ECU 的连接电路

1—搭铁；2—THA 基准电压 5V；3—MAP 基准电压 5V；4—PIM 信号

2．进气压力传感器的检测（以雪铁龙爱丽舍轿车为例）

检测内容：信号电压、电源电压、线束电阻、搭铁性能。

1）测信号电压（PIM-E2）

检测条件：打开点火开关，起动发动机后怠速、中速运转。

万用表量程：直流 20V。

检测方法：如图 2-3-5 所示。

参数范围：不起动发动机时为 4.1～4.5V；怠速时为 1.4～1.8V；中速时为 2～2.5V。

图 2-3-5　雪铁龙轿车进气压力传感器信号电压的测量

2）测电源基准电压（VC）

检测条件：拔下传感器插接件，打开点火开关。

万用表量程：直流 20V。

检测方法：如图 2-3-6 所示。

参数范围：VC 电压为 5V。

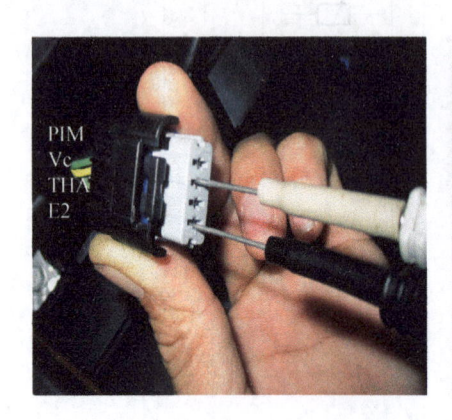

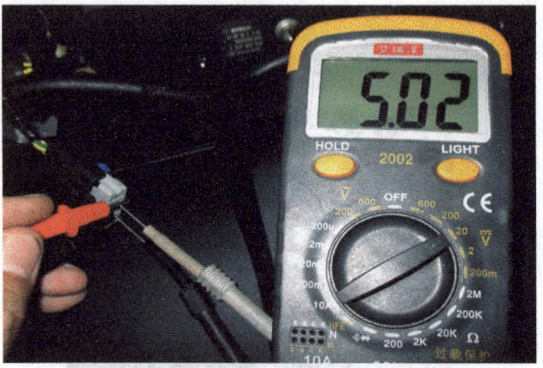

图 2-3-6　雪铁龙轿车进气压力传感器电源基准电压的测量

3）测线束电阻和搭铁性能

(1) 测传感器与 ECU 之间的连接线，应导通且阻值在 1Ω 以下。

(2) 测搭铁性能。插好 ECU 插接件，测搭铁线 E_2 与车体电阻，应导通且电阻值在 1Ω 以下。

任务实施

1. 准备工作

准备花冠、比亚迪、五菱、雪铁龙轿车整车或实训台架，手电筒、万用表、常用工具、三件套。

2. 实施过程

(1) 两人一小组，分工配合安放车轮挡块、翼子板布、前格栅布。

(2) 两人配合，测量进气压力传感器的信号电压、电源基准电压、线束电阻和搭铁电阻，并将检测参数填写在表 2-3-1 中。

表 2-3-1　进气歧管压力传感器检测参数记录表

检测车型	检测内容	检测条件	检测参数	性能判断
	信号电压	起动发动机		
	电源基准电压	拔下传感器插接件，打开点火开关		
	线束电阻	拔下传感器、ECU 插接件		
	搭铁电阻	拔下传感器插接件		

任务检验

任务结束后，完成以下项目工作页。

班级		姓名		学号	

1. 右图为雪铁龙轿车进气压力传感器与 ECU 连接图，写出各端子的功能。

1 号端子：_____

2 号端子：_____

3 号端子：_____

4 号端子：_____

2. 下图为花冠轿车进气压力传感器与 ECU 的连接图，写出各端子的功能。

VC 端子：_____

PIM 端子：_____

E2 端子：_____

3. 如何测量进气压力传感器的信号电压和电源基准电压？如何判断其性能的好坏？

4. 分别画出三线和四线进气压力传感器与 ECU 的电路连接原理框图。

任务四　节气门位置传感器的检测

学习内容

(1) 节气门位置传感器信号电压、基准电压的检测；
(2) 节气门位置传感器连接导线的检测。

学习目标

1. 知识目标
(1) 熟悉节气门位置传感器的电压参数；
(2) 学会测量节气门位置传感器信号电压、基准电压的方法。
2. 能力目标
(1) 能正确使用检测仪器；
(2) 能正确检测节气门位置传感器信号电压、基准电压；
(3) 能根据检测参数判断节气门位置传感器性能。

任务导入

若节气门位置传感器损坏，发动机容易出现以下故障：起动困难；怠速不稳；加速不良；容易熄火；行车时，车辆前、后闯动；自动变速器不容易换挡；不踩加速踏板不容易起动发动机。

要完成节气门位置传感器故障诊断任务，应了解、熟悉节气门位置传感器的结构与工作原理，学会节气门位置传感器及其线路的检测方法。

收集资料

节气门位置传感器有滑线式节气门位置传感器和电子节气门。微型客车和低级轿车一般用普通节气门位置传感器，中、高级轿车大多用电子节气门。

滑线式节气门位置传感器有三线和四线两种。

电子节气门：大众系列车型部分带怠速开关，大部分轿车不带怠速开关。

1. 滑线电阻式节气门位置传感器

1) 滑线电阻式节气门位置传感器（TP）的结构与工作原理
(1) 结构：如图 2-4-1 (a) 所示，由滑动触点、电阻器、输出端子等构成，实际是滑片式变阻器。

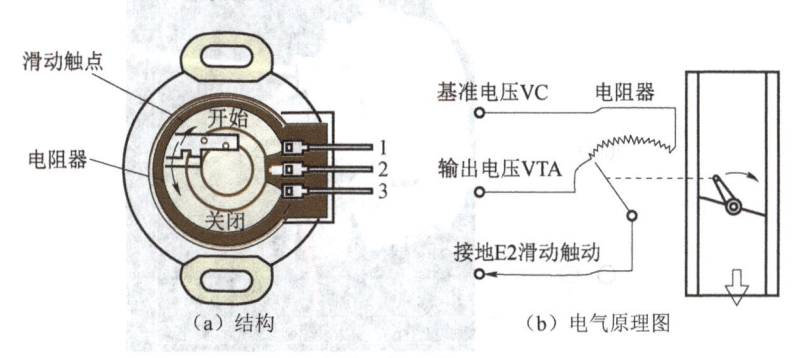

（a）结构　（b）电气原理图

图 2-4-1　三线滑线电阻式节气门位置传感器的结构与电气原理图

（2）工作原理：节气门位置传感器是一个电位计，随着节气门位置的改变，滑动触点在电阻器上滑动的位置不同，节气门位置传感器输出的电压信号也发生变化，发动机 ECU 该信号电压调整喷油脉宽（喷油时间），实现喷油量的增加与减少。同时在急减速时停止喷油。

四线节气门位置传感器在三线可变电阻式节气门位置传感器的基础上增加了一个怠速开关。增加此开关是为了提高发动机在怠速位置时的测量精度。在节气门全闭时，怠速触点 IDL 与 E2 接通，端子电位下降，给 ECU 提供一个辅助信号。

（3）电气原理图：如图 2-4-1（b）和图 2-4-2（b）所示。

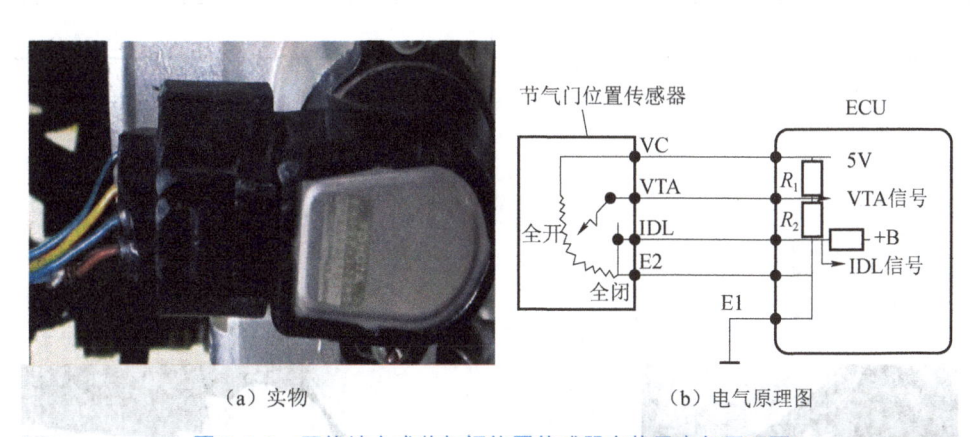

（a）实物　（b）电气原理图

图 2-4-2　四线综合式节气门位置传感器实物及电气原理图

2）滑线电阻式节气门位置传感器的检测

节气门位置传感器端子如图 2-4-3 所示。

检测内容：① VTA、VC、IDL 电压；② VTA-E2、VC-E2、IDL-E2 电阻；③ 线束电阻、搭铁性能。

（1）测线性电阻。

检测条件：改变节气门开度。

万用表量程：20kΩ。

检测方法：如图 2-4-4 所示。

（a）三线式　（b）四线式

图 2-4-3　节气门位置传感器端子

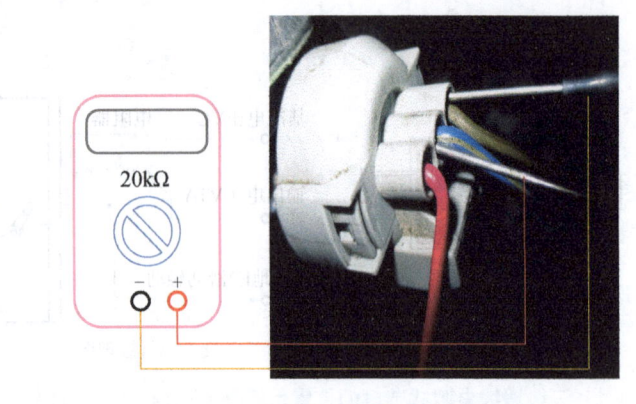

图 2-4-4　节气门位置传感器电阻测量

参数范围：如表 2-4-1 所示。

表 2-4-1　节气门位置传感器电阻参数

节气门开度	VTA-E2	IDL-E2	VC-E2
全关闭	0.2～0.8kΩ	1Ω 左右	固定值
全打开	2.8～6kΩ	接近 0	固定值
从关到全打开	阻值逐渐增大	接近 0	固定值

（2）测工作电压。

检测条件：打开点火开关，改变节气门开度。

万用表量程：直流 20V。

检测方法：如图 2-4-5 所示。

参数范围：如表 2-4-2 所示。

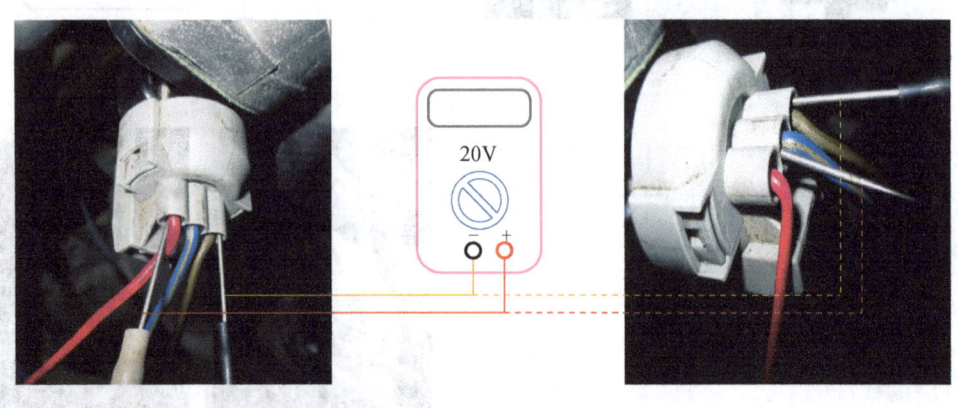

图 2-4-5　节气门位置传感器工作电压的检测

表2-4-2　节气门位置传感器正常工作电压参考值　　　　　单位：V

节气门开度	VTA-E2	IDL-E2	VC-E2
全关闭	0.6～0.7	<1	5
全打开	3.5～4.5	4～4.5	5
从关到全打开	电压逐渐增大	4～4.5	5

2. 电子节气门

1) 电子节气门的结构与工作原理

（1）结构：如图2-4-6所示。

图2-4-6　大众车电子节气门的结构

（2）工作原理。

① 大众车节气门控制器电路原理及插接件导线说明如图2-4-7所示。

a. 怠速节气门位置传感器与怠速电动机连在一起，将节气门的开度、怠速电动机的位置信号送入ECU，怠速节气门位置传感器达到调节范围极限时，电位计不再移动，节气门继续开启。

怠速节气门位置传感器的信号中断时，节气门控制组件将利用应急复位弹簧将节气门拉开到固定位置，使怠速升高。

b. 节气门位置传感器通过安装在节气门轴的一端滑臂在电位计电阻上滑动，将节气门开度信号输入ECU，作为ECU判断发动机运转工况的依据。

② 卡罗拉轿车节气门控制器工作原理与大众车基本相同。其结构及电路原理图如图2-4-8所示。

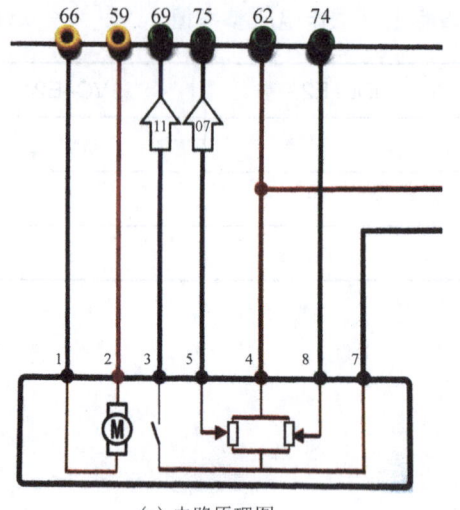

(a) 电路原理图　　(b) 插接件导线说明

图 2-4-7　大众时代超人轿车节气门控制器电路原理及插接件导线说明

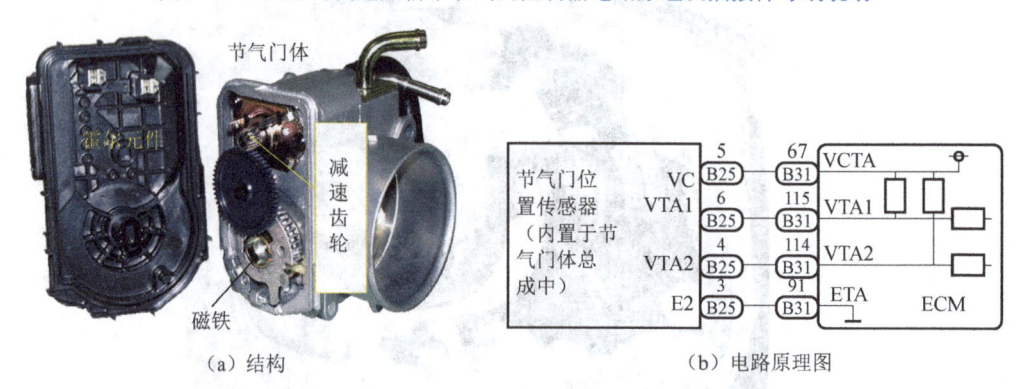

(a) 结构　　(b) 电路原理图

图 2-4-8　卡罗拉轿车节气门控制器结构及电路原理图

VC：供电电源端子，为传感器提供 5V 工作电压。

VTA1：检测节气门开度信号。

VTA2：检测 VTA1 的故障。

2) 电子节气门的检测（以卡罗拉轿车为例）

(1) 测 VTA1–E2、VTA2–E2 信号电压。

检测条件：起动发动机，改变加速踏板位置。

万用表量程：直流 20V。

检测方法：如图 2-4-9 和图 2-4-10 所示。

参数范围：怠速状态 VTA1–E2 电压为 0.5～1.1V，VTA2–E2 电压为 2.1–3.1V；踩下加速踏板 VTA1–E2 电压为 3.3～4.9V，VTA2–E2 电压为 4.5～5.0V。

(2) 解码器读数据流。

开点火开关，节气门全关时节气门开度显示为 8%～20%，全开时显示为 64%～96%。

(3) 测 VC 电压。

检测条件：拔下节气门插接件，打开点火开关。

项目二　汽油发动机电子控制系统的部件检测

图 2-4-9　测 VTA1 电压

图 2-4-10　测节气门位置传感器 VTA2 电压

万用表量程：直流 20V。

检测方法：如图 2-4-11 所示。

参数范围：VC 为 5V。

(4) 测节气传感器线束搭铁电阻。

检测条件：拔下节气门插接件。

检测方法：如图 2-4-12 所示。

参数范围：阻值 1Ω 以下。

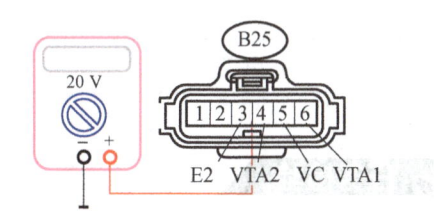

图 2-4-11　测节气门位置传感器 VC 电压

图 2-4-12　测节气门位置传感器线束搭铁电阻

(5) 测节气门线束间电阻。

检测条件：关闭点火开关，拆卸蓄电池负极电缆，拔下传感器和 ECU 的线束插接件。

检测方法：如图 2-4-13 所示，分别测 B25 与 B31 的 VTA1、VTA2、B31VTA、VC 间的电阻。

参数范围：导线导通且电阻值在 1Ω 以下。

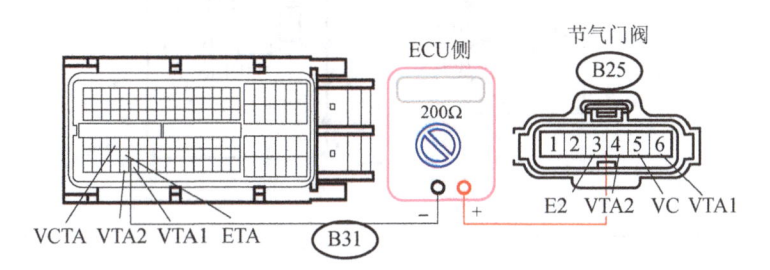

图 2-4-13　节气门位置传感器与 ECU 之间线束导线连接电阻

任务实施

1. 准备工作

整车或发动机台架、数字万用表、手电筒、维修手册、常用工具、车轮挡块、三件套。

2. 实施过程

（1）两人分工配合，安放车轮挡块、翼子板布、前格栅布。

（2）两人配合，检测节气门位置传感器 VTA1、VTA2、VC 电压，检测线束电阻和搭铁电阻，并将检测参数填写在表 2-4-3 中。

表 2-4-3　节气门位置检测参数记录表

检测车型	检测内容	检测条件	检测参数	性能判断
	VTA1 电压	起动发动机，改变加速踏板位置		
	VTA2 电压	拔下传感器插接件，打开点火开关		
	VC 电压	拔下节气门位置传感器插接件，打开点火开关		
	线束电阻	拔下节气门位置传感器、ECU 插接件		
	搭铁电阻	拔下节气门位置传感器插接件		

任务检验

任务结束后，完成以下项目工作页。

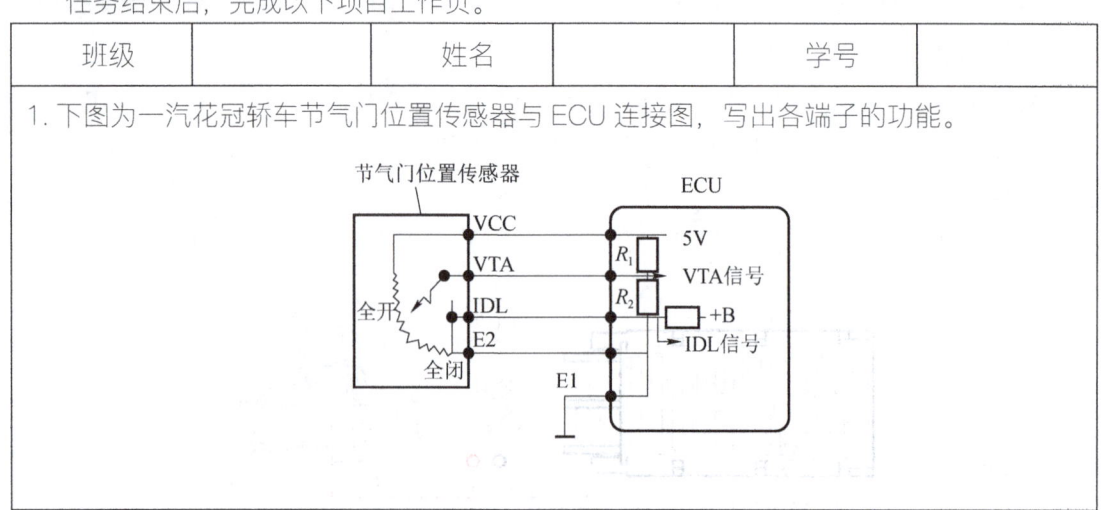

班级		姓名		学号	

1. 下图为一汽花冠轿车节气门位置传感器与 ECU 连接图，写出各端子的功能。

续表

班级		姓名		学号	

VC：_____ VTA：_____
IDL：_____ E2：_____

2. 下图为轿车节气门位置传感器与 ECM 连接图，写出各端子的功能。

```
节气门位          5    67
置传感器    VC  [B25][B31]  VCTA
（内置于节   VTA  6   115
气门体总         [B25][B31]  VTA1
成中）      VTA2 4   114
                [B25][B31]  VTA2
           E2   3    91
                [B25][B31]  ETA     ECM
```

VC：_____ VTA1：_____
VTA2：_____ E2：_____

3. 如何用万用表测量的方法判断滑线电阻式节气门位置传感器性能的好坏？

4. 分别画出三线和四线节气门位置传感器与 ECU 的电路连接原理框图。

任务五　冷却液温度传感器与进气温度传感器的检测

学习内容

(1) 冷却液温度传感器、进气温度传感器工作电压、信号电压的检测；
(2) 冷却液温度传感器、进气温度传感器连接导线及搭铁性能的检测。

学习目标

1．知识目标
(1) 熟悉冷却液温度传感器、进气温度传感器的电压参数；
(2) 学会测量冷却液温度传感器、进气温度传感器工作电压、信号电压的方法。
2．能力目标
(1) 能正确使用检测仪器；
(2) 能正确检测冷却液温度传感器、进气温度传感器工作电压、信号电压；
(3) 能根据检测参数判断冷却液温度传感器、进气温度传感器的性能。

任务导入

在日常用车过程中，发动机冷却液温度传感器、进气温度传感器会出现损坏或线路出现故障的情况，温度传感器损坏或线路出现故障后，发动机可能会产生以下故障：热机怠速不良、怠速不稳、排气管冒黑烟、废气排放增加。

作为汽车维修或管理人员，应熟悉温度传感器的结构与工作原理，学会温度传感器及其连接线路的检测。

收集资料

1．冷却液温度传感器（THA）与进气温度传感器（THW）的结构与工作原理

1）结构（图 2-5-1）
冷却液温度传感器与进气温度传感器由壳体、热敏电阻、接头等组成。
2）冷却液温度传感器的工作原理
冷却液温度传感器是一个负温度系数热敏电阻，当发动机冷却液温度低时，传感器内的热敏电阻的阻值大，电路中的电流小，电路中的信号电压高，发动机 ECU 检测到该信号后，适当增大喷油量；随着冷却液温度增高，热敏电阻阻值变小，电路中的信号电压低，ECU

检测到该低电压信号后，适当减少喷油量。

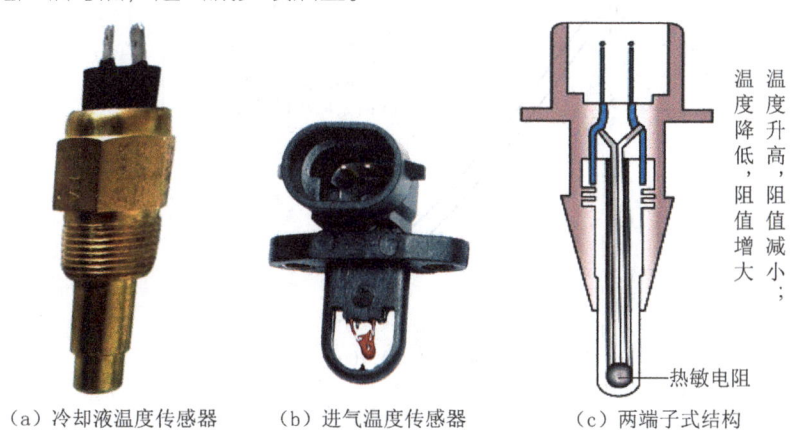

（a）冷却液温度传感器　　（b）进气温度传感器　　（c）两端子式结构

图 2-5-1　冷却液温度传感器、进气温度传感器实物及结构

3) 进气温度传感器的工作原理

与冷却液温度传感器工作原理相同。

2．冷却液温度传感器的检测

1) 电阻特性的检测

检测条件：拆下冷却液温度传感器放入水盆中，加热水盆中的水。

万用表量程：20kΩ。

检测方法：如图 2-5-2 所示。

参数范围：以卡罗拉轿车冷却液温度传感器为例，如表 2-5-1 所示。电阻特性如图 2-5-3 所示。

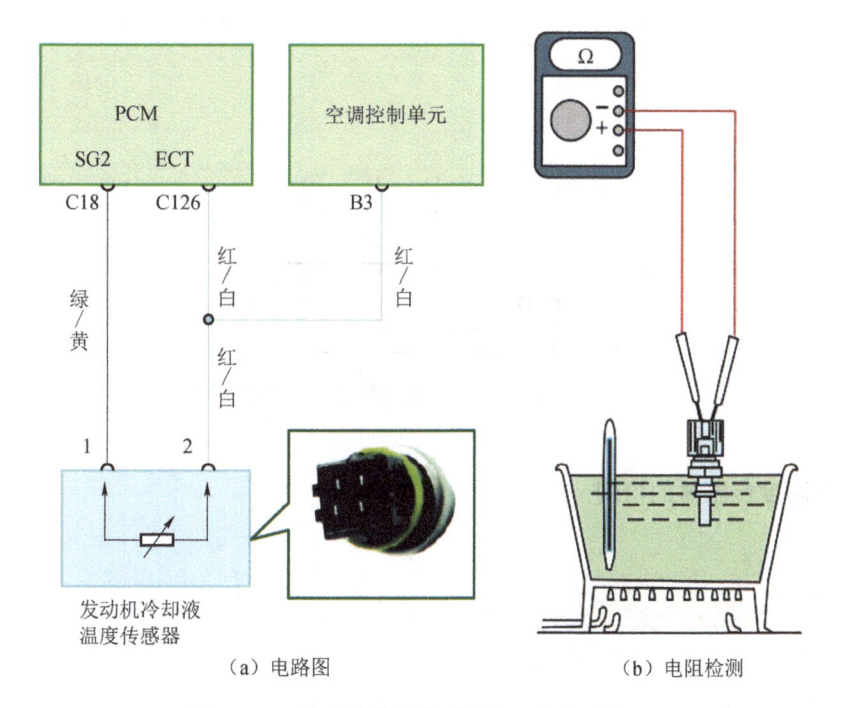

（a）电路图　　（b）电阻检测

图 2-5-2　冷却液温度传感器电阻参数的检测

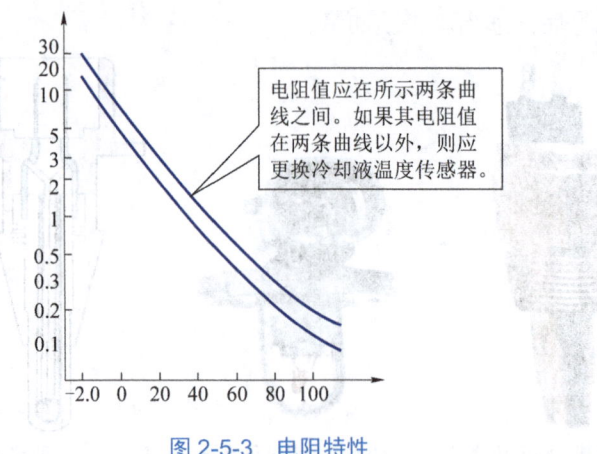

图 2-5-3　电阻特性

表 2-5-1　冷却液温度传感器正常电阻参考值

万用表连接	测试水温条件 /℃	规定状态 /kΩ
1-2	20	2.3～2.6
	80	0.31～0.32

2）工作电压和信号电压的检测

检测条件：拔下传感器插接件，打开点火开关。

万用表量程：直流 20V。

检测方法：如图 2-5-4 所示。

参数范围：工作电压为 4.5～5.5V；信号电压发动机正常工作时冷却液温度为 1.5～2.5V，在 80℃时为 0.25～1.0V。

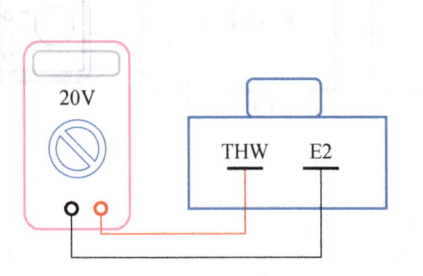

图 2-5-4　冷却液温度传感器电压参数的检测

3．进气温度传感器的检测

1）测电阻参数

（1）方法：如图 2-5-5 所示，万用表调 200Ω 量程，两支表笔分别接 THA、E2，测 THA-E2 电阻。进气温度传感器旁边放一支温度计，用电吹风向传感器吹热空气，观察温度计和万用表电阻读数。

项目二　汽油发动机电子控制系统的部件检测

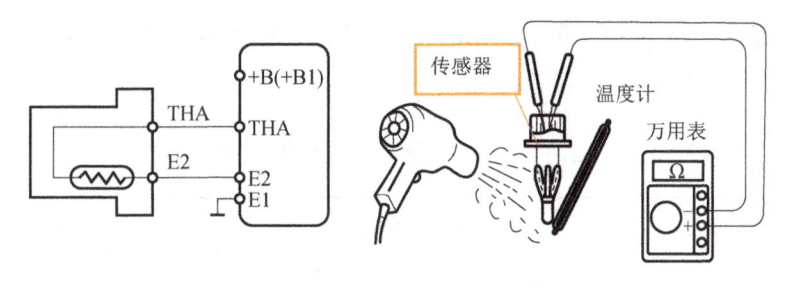

图 2-5-5　进气温度传感器电阻参数的检测

（2）参数范围：如图 2-5-6 所示，进气温度为 20℃时，电阻为 2.4～2.5kΩ；进气温度为 80℃时，电阻为 0.32～0.35kΩ。

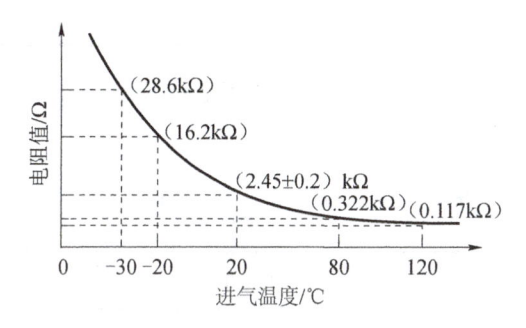

图 2-5-6　进气温度传感器温度特性测量

具体参数参考具体车型维修手册。

2）测工作电压参数

（1）方法：拔下插接件，打开点火开关，将万用表调到直流 20V 量程，红表笔接插接件的 THA 端子，黑表笔接 E2 端子，测插接件 THA-E2 的电压。

（2）参数范围：工作电压为 4.5～5V。

3）测信号电压参数

（1）方法：插好插接件，将万用表调到直流电压 20V 量程，红表笔接 THA 端子，黑表笔接 E2 端子，起动发动机。

（2）参数范围：信号电压为 0.5～3.5V。

任务实施

1. 准备工作

准备整车或发动机台架、数字万用表、手电筒、维修手册、常用工具、车轮挡块、三件套。

2. 实施过程

（1）两人分工配合，安放车轮挡块、翼子板布、前格栅布。

(2) 两人配合，检测冷却液温度传感器工作电压、传感器电阻、线束电阻、搭铁电阻，并将检测参数填写在表 2-5-2 中。

表 2-5-2　冷却液温度传感器检测参数记录表

检测车型	检测内容	检测条件	检测参数	性能判断
	工作电压	拔下传感器插接件，打开点火开关		
	传感器电阻	传感器放入水中加热		
	线束电阻	拔下传感器、ECU 插接件		
	搭铁电阻	拔下传感器插接件		

(3) 两人配合，检测进气温度传感器工作电压、传感器电阻、线束电阻、搭铁电阻，并将检测参数填写在表 2-5-3 中。

表 2-5-3　进气温度传感器检测参数记录表

检测车型	检测内容	检测条件	检测参数	性能判断
	工作电压	拔下传感器插接件，打开点火开关		
	传感器电阻	用电吹风热风吹传感器		
	线束电阻	拔下传感器、ECU 插接件		
	搭铁电阻	拔下传感器插接件		

任务检验

任务结束后，完成以下项目工作页。

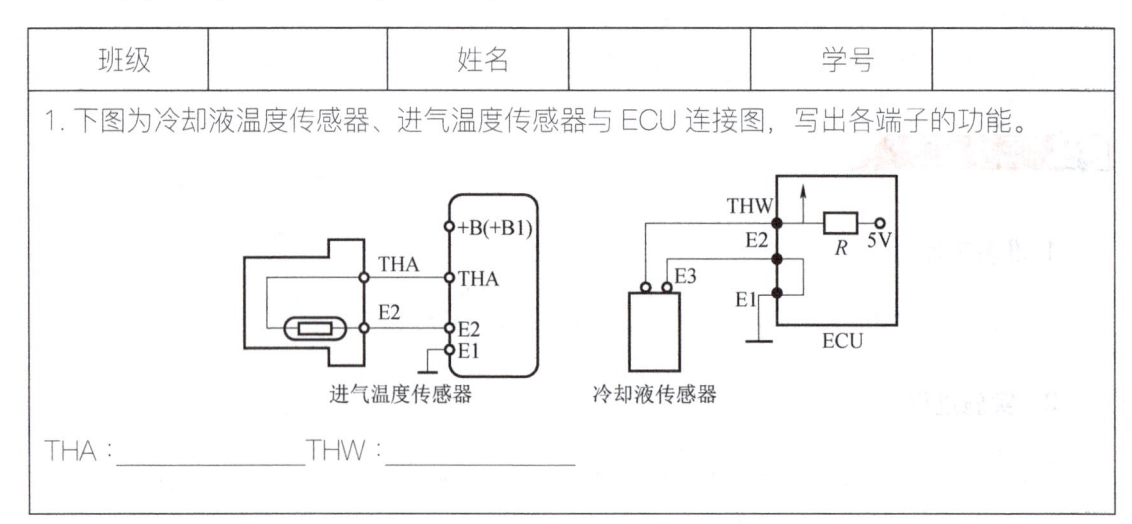

班级		姓名		学号	

1. 下图为冷却液温度传感器、进气温度传感器与 ECU 连接图，写出各端子的功能。

进气温度传感器　　冷却液传感器

THA：_____　THW：_____

续表

| 班级 | | 姓名 | | 学号 | |

2. 如何用万用表测量的方法判断进气温度传感器性能的好坏？

3. 如何用万用表测量的方法判断冷却液温度传感器性能的好坏？

4. 分别画出进气温度传感器和冷却液温度传感器与 ECU 的电路连接原理框图。

任务六　氧传感器与爆燃传感器的检测

学习内容

(1) 氧传感器、爆燃传感器信号电压、基准电压的检测；
(2) 氧传感器、爆燃传感器连接导线的检测。

学习目标

1. 知识目标
(1) 熟悉氧传感器、爆燃传感器的电压参数；
(2) 学会测量氧传感器、爆燃传感器信号电压、电源电压的方法。
2. 能力目标
(1) 能正确使用检测仪器；
(2) 能正确检测氧传感器、爆燃传感器信号电压、电源电压；
(3) 能根据检测参数判断氧传感器、爆燃传感器的性能。

任务导入

氧传感器或其线路损坏，发动机会出现以下故障：动力下降、怠速不稳、油耗过高、废气排放过高、排气管冒黑烟。

爆燃传感器或其线路损坏，发动机会出现以下故障：发动机工作振动大、加速时有爆燃声、加速无力。

作为汽车维修或管理人员，应熟悉氧传感器、爆燃传感器的结构及原理，学会检测氧传感器、爆燃传感器及其线路。

收集资料

1. 氧传感器

1) 氧传感器的结构与工作原理

(1) 结构：如图 2-6-1 和图 2-6-2 所示，由锆管或二氧化钛元件、铂膜电极、氧化铝陶瓷保护层等构成。现代汽车普遍使用带加热器的氧传感器。

项目二　汽油发动机电子控制系统的部件检测

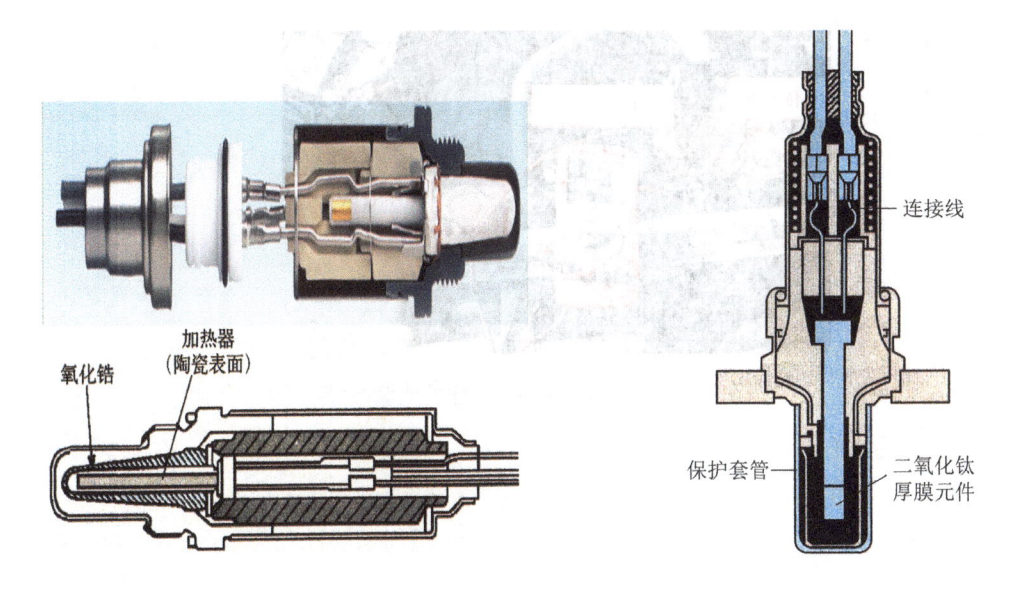

图 2-6-1　带加热器的氧化锆型氧传感器的结构　　图 2-6-2　氧化钛型氧传感器的结构

(2) 工作原理。

① 氧化锆型氧传感器的工作原理：其传感元件是一氧化锆敏感元件，外侧通发动机排气，内侧通大气。当传感陶瓷管的温度达到 350℃时，即具有固态电解质的特性。此类型氧传感器正是利用这一特性将氧气的浓度差转化成电势差，形成电信号输出。混合气偏浓，大量阳离子从内侧转移到外侧，输出高信号电压（接近 900mV）；混合气偏稀，少量氧离子从内侧转移到外侧，输出低信号电压（接近 100mV）。发动机 ECU 根据该信号增加或减少喷油量，达到修正喷油量的目的。

② 氧化钛型氧传感器的工作原理：混合气浓（空燃比小于 14.7），氧含量少，氧化钛管内、外氧浓度差大，钛管电阻小；反之，混合气稀（空燃比大于 14.7），电阻大。电阻在空燃比为 14.7 时突变。氧化钛型氧传感器是一可变电阻性氧传感器。

当混合气浓时，ECU 接收高电平；混合气稀时，ECU 接收低电平。ECU 根据该信号修正喷油量。

2）氧传感器的检测

检测内容：信号电压、电源电压、加热器电阻、搭铁性能、线束导通性、外观

(1) 测信号电压。

检测条件：起动发动机。

万用表量程：直流 20V。

检测方法：如图 2-6-3 所示。

参数范围：电压为 0.1 ~ 0.9V。

以 0.45V 为中心上下波动，波动频率为每 10s 6 ~ 8 次。加速时高于 0.5V，减速时小于 0.4V。

图 2-6-3 氧传感器信号电压的测量

(2) 检测电源电压。

检测条件：关闭点火开关，拔下氧传感器插接件，再打开点火开关。

万用表量程：直流 20V。

检测方法：如图 2-6-4 所示。

参数范围：电源电压为 5V 或 12V。

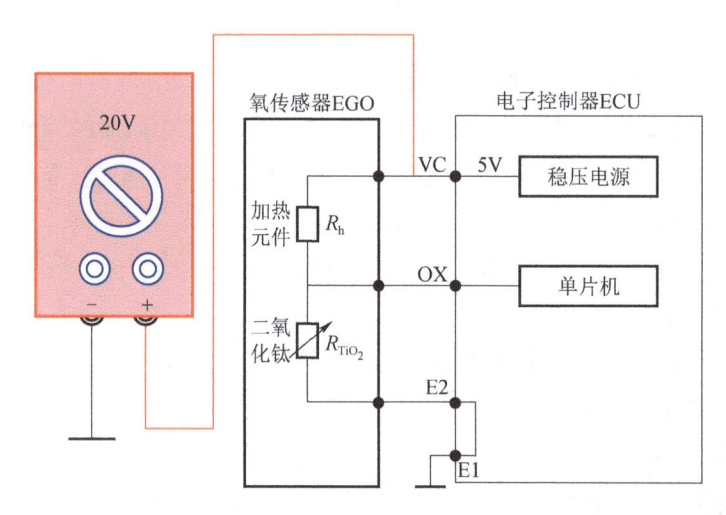

图 2-6-4 氧传感器电源电压的测量

(3) 测加热器电阻

检测条件：关闭点火开关，拔下氧传感器插接件，测传感器端子。

万用表量程：200Ω。

检测方法：如图 2-6-5 所示，测 VC-OX 电阻。

参数范围：3～40Ω。

(4) 测搭铁性能

检测条件：关闭点火开关，拔下氧传感器插接件，测 E2- 车体电阻。

万用表量程：200Ω。

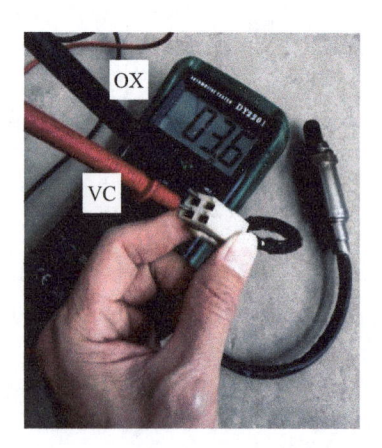

图 2-6-5 氧传感器加热器电阻的测量

参数范围：搭铁电阻在1Ω以下。

(5) 测线束导通性

检测条件：关闭点火开关，拆卸蓄电池负极电缆，拔下氧传感器和ECU插接件，测两插接件之间连接导线的电阻。

万用表量程：200Ω。

参数范围：电阻在1Ω以下。

(6) 外观检测

检测条件：拆下氧传感器。

检测内容：通气孔有无堵塞、陶瓷芯有无破损、氧传感器顶尖部位的颜色。

检测结果：

①淡灰色顶尖：正常颜色。

②白色顶尖：硅污染。

③棕色顶尖：铅污染。

④黑色顶尖：积炭。

2. 爆燃传感器

1) 爆燃传感器的结构与工作原理

(1) 结构：磁伸缩式爆燃传感器的结构如图2-6-6所示，压电式爆燃传感器的结构如图2-6-7所示。

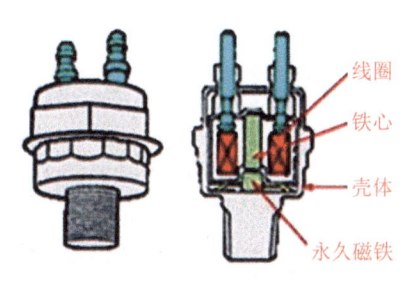

图 2-6-6　磁伸缩式爆燃传感器的结构

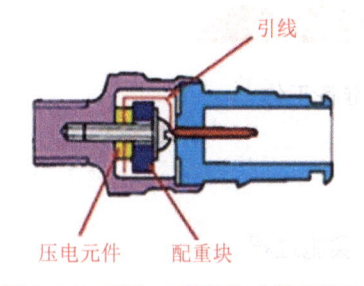

图 2-6-7　压电式爆燃传感器的结构

(2) 工作原理。

①磁伸缩式爆燃传感器的工作原理：当发动机的气缸体出现振动时，该传感器在7kHz左右处与发动机产生共振，强磁性材料铁心的磁导率发生变化，致使永久磁铁穿心的磁通密度也变化，从而在铁心周围的绕组中产生感应电动势，并将这一电信号输入ECU。

②压电式爆燃传感器的工作原理：当发动机的气缸体出现振动传递到传感器外壳上时，外壳与配重块之间产生相对运动，夹在这两者之间的压电元件所受的压力发生变化，从而产生电压。ECU检测出该电压，并根据其值的大小判断爆燃强度，推迟点火时刻，消除爆燃。

2) 爆燃传感器的检测

检测内容：信号电压、电阻特性、线束电阻、搭铁性能。

丰田卡罗拉轿车的爆燃传感器采用的是压电式爆燃传感器，其控制电路如图2-6-8所示。

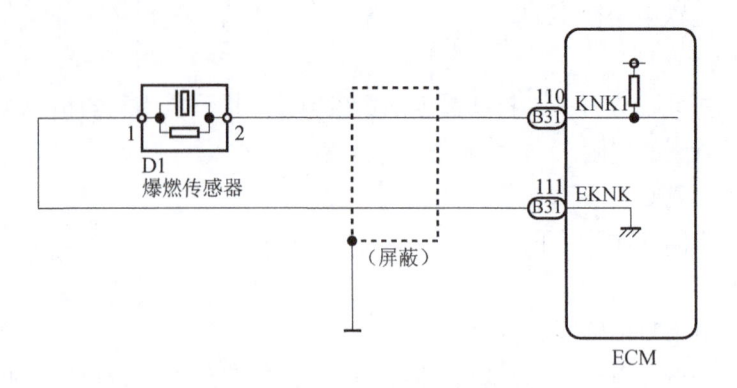

图 2-6-8　丰田卡罗拉轿车的爆燃传感器控制电路

(1) 测信号电压。

检测条件：起动发动机。

万用表量程：直流 20V。

检测方法：万用表红表笔接 2 号端子、黑表笔接 1 号端子。

参数范围：无爆燃时为 0.1V，急加速时为 1V 左右。

(2) 测电阻特性。传感器电阻在室温下为 1000kΩ，轻敲击缸体时为 850kΩ 左右。

(3) 测线束电阻。在 1Ω 以下。

(4) 测搭铁性能。搭铁电阻在 1Ω 以下。

任务实施

1. 准备工作

准备整车或发动机台架、数字万用表、手电筒、维修手册、常用工具、车轮挡块、翼子板布。

2. 实施过程

(1) 两人分工配合，安放车轮挡块、翼子板布。

(2) 两人配合，检测氧传感器信号（OX）电压、电源电压、加热器电阻、线束电阻、搭铁电阻，并将检测参数填写在表 2-6-1 中。

表 2-6-1　氧传感器检测参数记录表

检测车型	检测内容	检测条件	检测参数	性能判断
	信号电压	起动发动机		
	电源电压	关闭点火开关，拔下氧传感器插接件，再打开点火开关		

续表

检测车型	检测内容	检测条件	检测参数	性能判断
	加热器电阻	关闭点火开关，拔下氧传感器插接件		
	线束电阻	关闭点火开关，拆卸蓄电池负极电缆，拔下氧传感器和 ECU 插接件		
	搭铁电阻	关闭点火开关，拔下氧传感器插接件		

（3）两人配合，检测爆燃传感器信号（KNK）电压、传感器电阻、线束电阻、搭铁电阻，并将检测参数填写在表 2-6-2 中。

表 2-6-2 爆燃传感器检测参数记录表

检测车型	检测内容	检测条件	检测参数	性能判断
	信号电压	发动发动机		
	传感器电阻			
	线束电阻	拔下传感器、ECU 插接件		
	搭铁电阻	拔下传感器插接件		

任务检验

任务结束后，完成以下项目工作页。

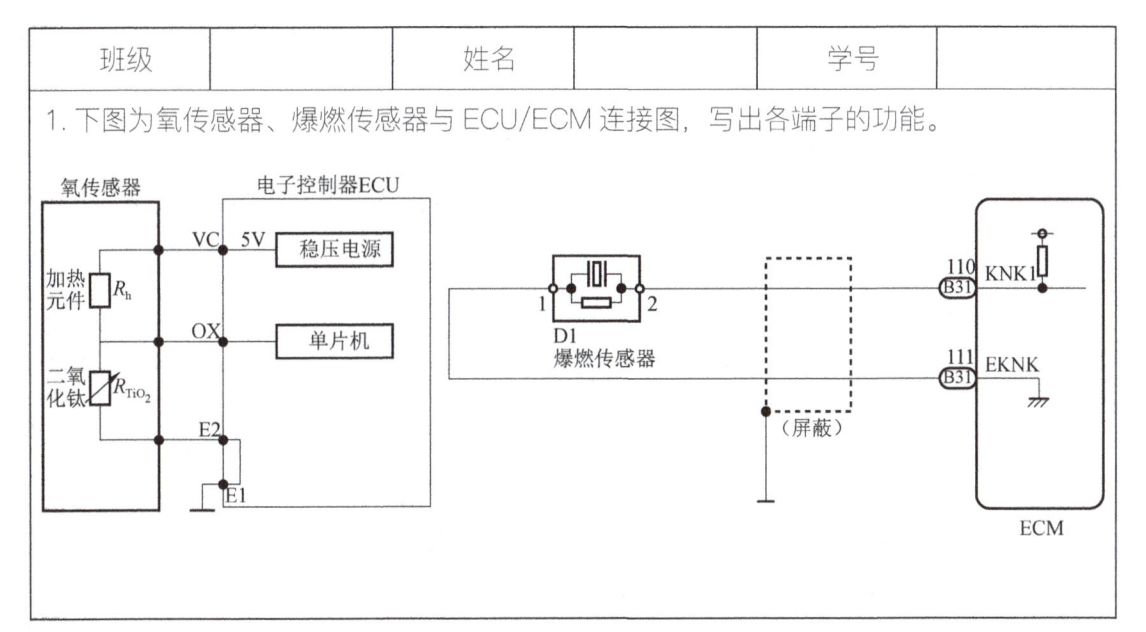

班级		姓名		学号	

1. 下图为氧传感器、爆燃传感器与 ECU/ECM 连接图，写出各端子的功能。

续表

| 班级 | | 姓名 | | 学号 | |

OX:_____。KNK:_____。

2. 如何用万用表测量的方法判断氧传感器和爆燃传感器的性能好坏。

3. 测量五菱轿车、雪铁龙轿车的氧传感器，并判断其性能好坏。

任务七　ECU 的检测

学习内容

(1) ECU 输入电源电压的检测；
(2) ECU 输出信号电压的检测。

学习目标

1. 知识目标
(1) 熟悉 ECU 常电电压、工作电压的参数；
(2) 学会测量 ECU 常电电压、工作电压的方法。
2. 能力目标
(1) 能正确使用检测仪器；
(2) 能正确检测 ECU 常电电压、工作电压；
(3) 能根据检测参数判断 ECU 的性能。

任务导入

发动机 ECU 工作比较可靠，不容易出现故障，但对于行驶已超过 10 万 km 的车辆，会产生某些外围故障。例如，个别电子集成电路损坏、ECU 固定脚螺栓松动、某个电子元件焊脚接头松脱，以及电容元件失效，连接线路短路、断路、接触不良等。

ECU 出现故障后，可能造成发动机难于起动或者根本不能起动，或者出现没有高速、热车难以起动、耗油量大等现象。

作为汽车维修企业的技术人员、检测人员，应了解、熟悉发动机 ECU 的结构和基本原理，学会通过外观目测及测量外围电路的方法判断 ECU 的性能，这样才能顺利完成检测、维修任务。

收集资料

1. 发动机 ECU 的基本结构

如图 2-7-1 和图 2-7-2 所示，发动机 ECU 由微处理器（CPU）、存储器（ROM、RAM）、输入/输出接口（I/O）、模/数（A/D）转换器及整形、驱动等大规模集成电路构成。

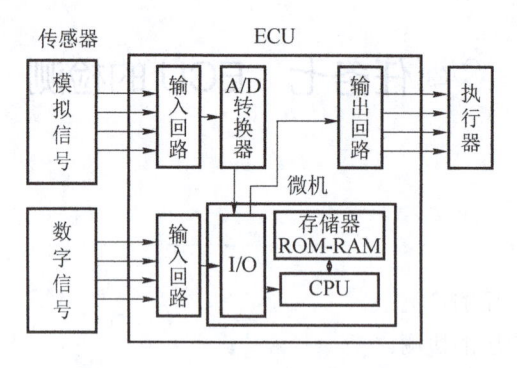

图 2-7-1　发动机 ECU 的内部结构

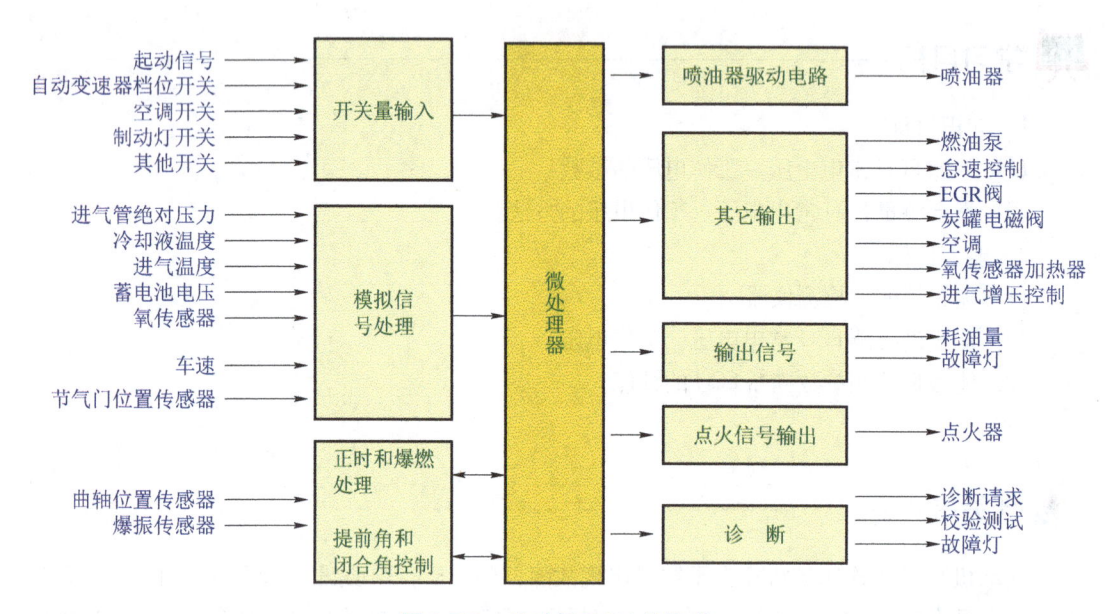

图 2-7-2　发动机 ECU 的构成

1）输入接口电路

（1）模拟信号输入接口。自动变速器中 AMT 的选位换挡油缸行程传感器、AT 的油压传感器等输出的都是模拟信号，由于微控制器只能处理数字信号，因此在进行运算处理前，必须利用模/数转换器（A/D 转换器）将模拟信号转换为数字信号。

（2）开关信号(I/O)输入接口。车辆中的许多状态信号都是通过开关形式反馈的，这些信号必须经输入接口电路处理后转化成微控制器能够处理的形式，再连接到微控制器。

（3）频率信号输入接口。车辆控制中需要的转速传感器大多输出的是频率信号，这些信号由于传感器不同，输出波形不尽相同，根据转速的变化，其输出信号的频率幅值也随着发生变化，需要经过输入接口电路将这些信号处理成微控制器易处理的数字信号。一般来说，频率信号的处理方法主要有频率技术法和频压转换法两种。

2）输出接口电路

输出接口电路是微控制器与执行器之间建立联系的电子电路。它将微控制器发出的决策指令转变成控制信号来驱动执行器工作，输出接口电路一般起控制信号的生成和放大等作用。

3) 通信接口电路

目前车辆中使用的电子控制系统越来越多，为了实现与其他车辆电子控制系统之间的通信，以达到资源共享，在车用 ECU 中都集成了数字通信接口。车辆上常采用的通信总线接口有 RS-232 接口、SPI 接口、CAN 接口、FlexRay、MOST 等。

4) ECU 的基本外围电路

ECU 的基本外围电路是指包括电源电路、时钟电路、复位电路和监控电路等可以使 ECU 运行起来的最小外围电路。下面主要介绍电源电路。

(1) 发动机 ECU 电源电路的组成：包括输入电源（包含工作电源和备用电源）和输出电源。

① 工作电源：主要为 ECU 的工作提供工作电流，受点火开关控制。

② 备用电源：用于保证点火开关关闭后，ECU 内的存储器能继续通电，防止故障码和学习空燃比修正值信息丢失。

③ 输出电源：为其他电路提供工作电源。

(2) 电源电路的分类：按电流控制方式的不同分为不装控制器的电源电路和装控制器的电源电路。

① 不装控制器的电源电路如图 2-7-3 所示。

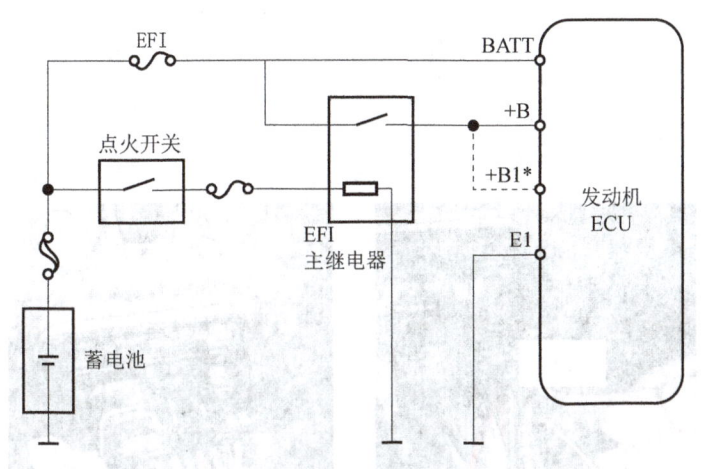

图 2-7-3　不装控制器的电源电路

该电路电源分两路：一路为常电 BATT，用来使 ECU 内存信息得到保存，直接由蓄电池供电；另一路为 +B、+B1，这是 ECU 的工作电源。在闭合点火开关后，EFI 线圈通电，触点闭合，ECU 通电。线圈电流回路：蓄电池→点火开关→保险→EFI 线圈→车体回路。

ECU 电流回路：蓄电池→总保险→EFI 保险→EFI 触点→ECU（+B、+B1）→车体回路。

② 装控制器的电源电路如图 2-7-4 所示。该电路在 ECU 内装有主继电器控制器。

接通点火开关，ECU 内部控制器得电，EFI 继电器线圈得电产生电磁吸力，继电器触点闭合，蓄电池电流经继电器触点到 +B、+B1。

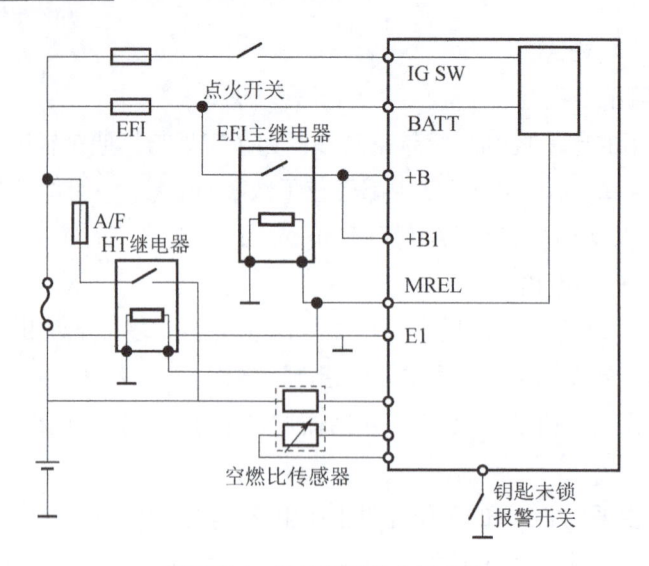

图 2-7-4 装控制器的电源电路

断开点火开关，M-REL 继续向 EFI 线圈供电 2s，保证怠速步进电动机继续通电 2s，以使怠速步进电动机回到发动机起动时所需的初始位置，保证起动时的进气量。

2. 发动机 ECU 的检测

检测内容：ECU 常电电压、工作电压、输出电压、搭铁性能、电路板元件。

五菱轿车发动机 ECU 电源线与搭铁线的区分如图 2-7-5 所示。

电源线：一般比较粗，多为黑/红色或红色线。

搭铁线：多为褐色或黑色线、黑/白线。

图 2-7-5 五菱轿车发动机 ECU 电源线与搭铁线的区分

1）测常电电压 BATT

检测条件：拆卸蓄电池负极电缆，拔下 ECU 插接件后，装好负极电缆。

万用表量程：直流 20V。

检测方法：如图 2-7-6 所示。

参数范围：电源电压为 11.5V 以上。

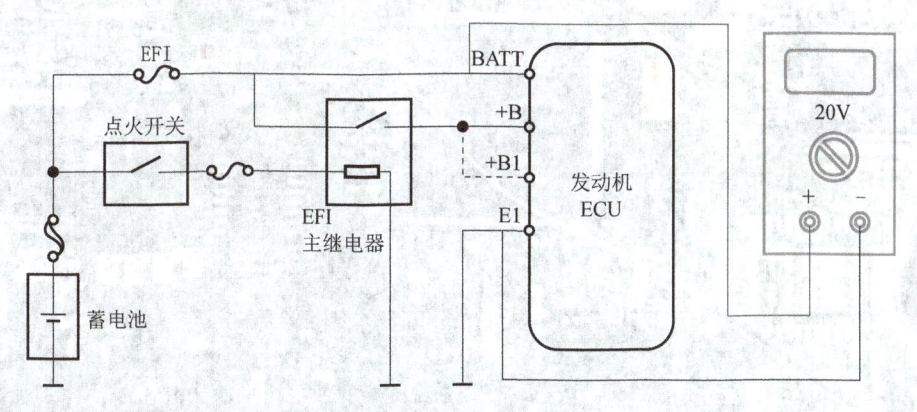

图 2-7-6　发动机 ECU 常电电压的测量

2）测工作电压（+B、+B1）

检测条件：拆卸蓄电池负极电缆，拔下 ECU 插接件后，装好负极电缆，打开点火开关。

万用表量程：直流 20V。

检测方法：如图 2-7-7 所示。

参数范围：+B 电压在 11.5V 以上。

图 2-7-7　五菱轿车发动机 ECU 工作电压的测量

3）测 ECU 输出电压

检测方法：与传感器基准电压测量方法相同。

参数范围：输出电压为 5V。

4）测 ECU 搭铁性能

将万用表调到 200Ω 量程，测 ECU 插头 E1、E2 与车体电阻，应导通且电阻在 1Ω 以下。

5）检查 ECU 电路板元件

拆下发动机 ECU，拆出 ECU 防护盖，观察电路板（图 2-7-8）元件有无烧坏变黄、变黑，端子有无烧断，电路板有无断裂等现象。

图 2-7-8　检查发动机 ECU 电路板元件

任务实施

1. 准备工作

准备整车或发动机台架、数字万用表、手电筒、维修手册、常用工具、车轮挡块、三件套。

2. 实施过程

（1）两人配合，安放车轮挡块、翼子板布、前格栅布。

（2）两人配合，检测五菱轿车或其他常见车型发动机 ECU 常电电压、工作电压、输出电压、搭铁电阻，并将检测参数填写在表 2-7-1 中。

表 2-7-1　发动机 ECU 检测参数记录表

检测车型	检测内容	检测条件	检测参数	性能判断
	常电电压	蓄电池电极连接牢固		
	工作电压	打开点火开关		
	输出电压	拔下传感器、ECU 插接件		
	搭铁电阻	拔下 ECU 插接件		

任务检验

任务结束后，完成以下项目工作页。

班级		姓名		学号	

1. 下图为不装控制器的 ECU 电源电路，写出各端子的功能。

BATT:_____。 +B :_____。 +B1 :_____。

2. 如何用万用表测量的方法判断发动机 ECU 性能的好坏？

3. 如何通过观察的方法判断发动机 ECU 元件性能的好坏？

4. 画出发动机 ECU 电源电路原理框图。

任务八　执行器的检测

学习内容

(1) 怠速阀线圈电阻、电源电压、线束电阻的检测及动作测试；
(2) 喷油器线圈电阻、电源电压、搭铁线搭铁性、连接导线电阻的检测；
(3) 电动燃油泵线圈电阻、电源电压、搭铁线搭铁性、连接导线电阻的检测；
(4) 炭罐电磁阀电阻、电源电压、信号电压、搭铁线搭铁性、连接导线电阻的检测；
(5) EGR 阀电阻、电源电压、信号电压、搭铁线搭铁性、连接导线电阻的检测。

学习目标

1. 知识目标
(1) 熟悉怠速阀、喷油器、电动燃油泵、炭罐电磁阀、EGR 阀的电阻参数、电压参数；
(2) 学会测量怠速阀、喷油器、电动燃油泵、炭罐电磁阀、EGR 阀信号电压、电源电压的方法。
2. 能力目标
(1) 能正确使用检测仪器；
(2) 能正确检测怠速阀、喷油器、电动燃油泵、炭罐电磁阀、EGR 阀信号电压、电源电压；
(3) 能根据检测参数判断怠速阀、喷油器、电动燃油泵、炭罐电磁阀、EGR 阀的性能。

任务导入

一辆通用五菱轿车进厂检修，车主反映该车热车后怠速很高，排气管排出的气体气味很难闻，同时车辆油耗上升，要求检修。维修技师接车后，经用诊断仪诊断为怠速阀故障。

怠速阀是执行器，怠速阀及其线路有故障会造成发动机怠速不良、油耗上升、废气排放增加等。作为汽车维修人员或管理人员，必须熟悉执行器的检测。

收集资料

1. 怠速阀

1) 怠速阀的结构

(1) 旋转滑阀式怠速阀的结构：如图 2-8-1 所示，由电接头、外壳、永久磁铁、电枢、空气旁通道、旋转滑阀等构成。

项目二　汽油发动机电子控制系统的部件检测

图 2-8-1　旋转滑阀式怠速阀的结构

(2) 步进电动机式怠速阀的结构：如图 2-8-2 所示，由电磁线圈、阀座、阀轴、阀芯、进给丝杆、复位弹簧等构成。

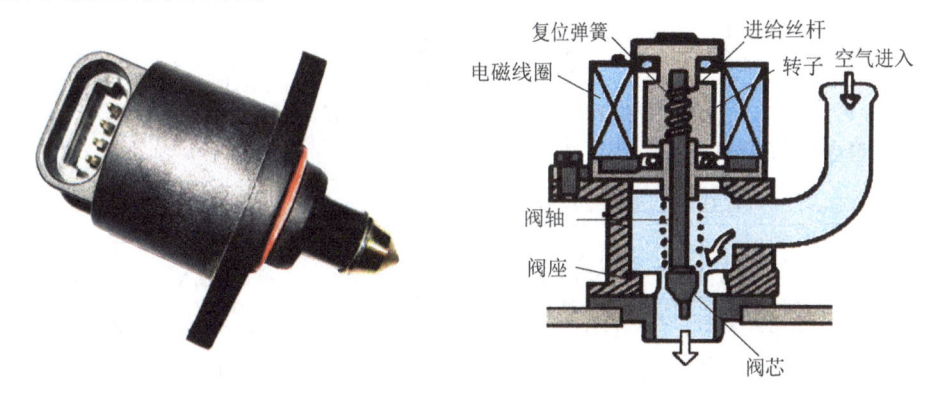

图 2-8-2　步进电动机式怠速阀的结构

2) 怠速阀的工作原理

(1) 旋转滑阀式怠速阀的工作原理如图 2-8-3 所示。

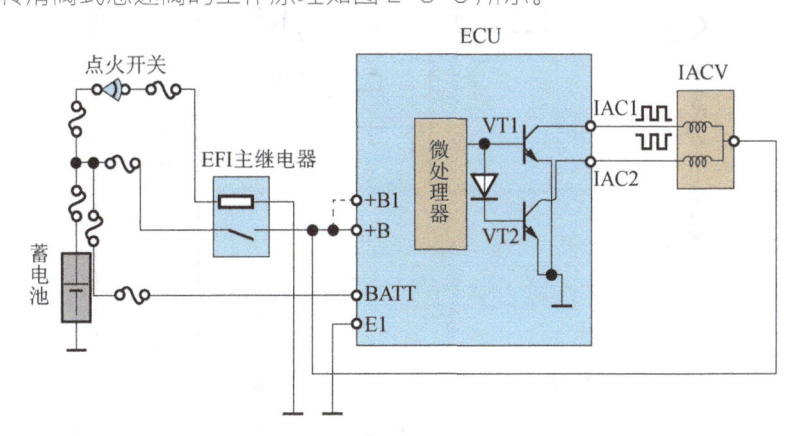

图 2-8-3　旋转滑阀式怠速阀原理图

当发动机 ECU 检测到怠速转速高于或低于设定转速时，接通 ECU 内部晶体管 VT1、VT2，使蓄电池电流流经怠速阀线圈后分别从 IAC1、IAC2 流入 ECU 内的 VT1、VT2 搭铁回路。实际转速高于设定转速时，电流经怠速阀线圈通过 VT1 搭铁回路，电枢带动旋转滑阀逆时针转动，空气旁通道截面积减小，发动机转速下降；当发动机转速低于设定转速时，电流经怠速阀线圈通过 VT2 搭铁回路，电枢带动旋转滑阀顺时针转动，空气旁通道截面积增大，发动机转速上升。

（2）步进电动机式怠速阀的工作原理如图 2-8-4 和图 2-8-5 所示。

步进电动机式怠速阀有四线和六线两种，现代汽车多用四线步进电动机怠速阀，两种怠速阀工作原理一样。怠速阀内有两组控制线圈 A、B（图 2-8-4），一组为转子顺转线圈，另一组为转子逆转线圈。

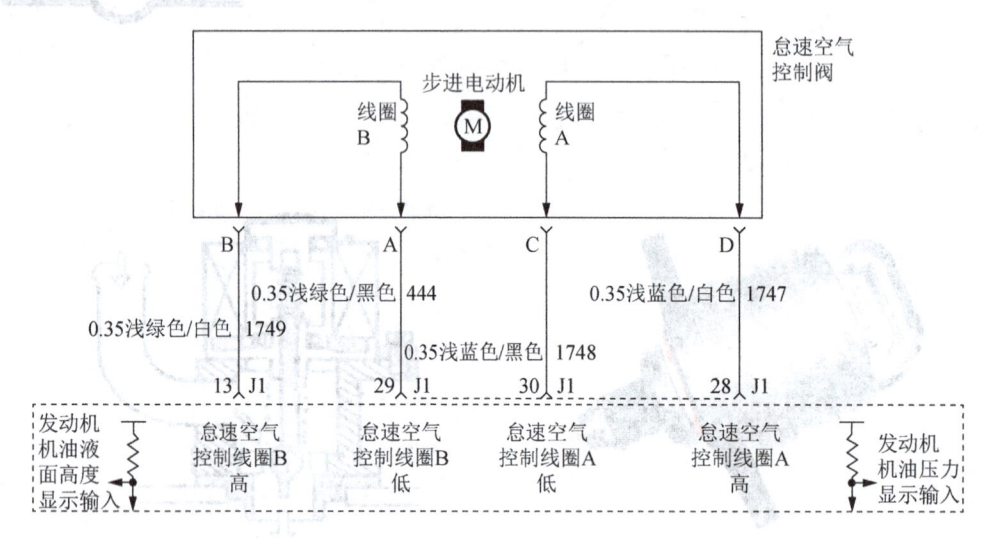

图 2-8-4　四线步进电动机式怠速阀的工作原理图

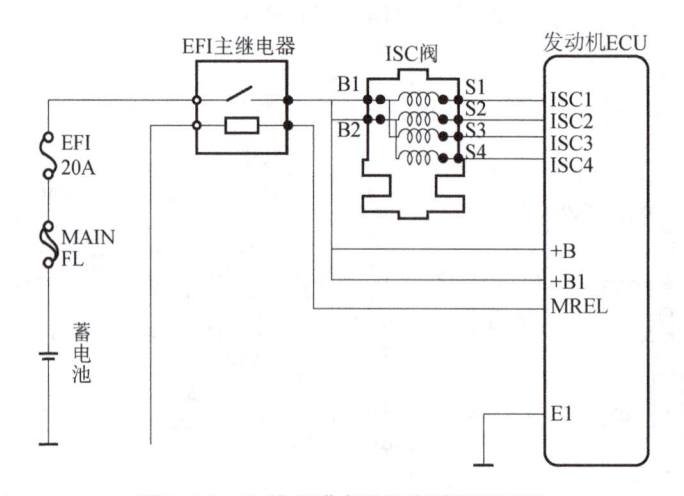

图 2-8-5　六线步进电动机怠速阀原理图

当发动机 ECU 检测到怠速转速高于设定转速时，向怠速阀顺转线圈供电，怠速电动机的转子就被驱动着一直朝顺时针方向旋转，通过螺纹机构把阀芯逐渐推出，使发动机进气量减小，调低发动机转速。当发动机 ECU 检测到怠速转速低于设定转速时，向怠速阀逆转线圈供电，怠速电动机的转子就被驱动着一直朝逆时针方向旋转，通过螺纹机构把阀芯逐渐收回，使发动机进气量增加，提高发动机转速。

3）步进电动机式怠速阀的检测

检测内容：测线圈电阻、动作测试。

（1）测线圈电阻。

检测条件：关闭点火开关，拔下怠速阀插接件，拆卸怠速阀。

万用表量程：200Ω。

检测方法：如图 2-8-6 所示。

参数范围：10～50Ω。

（2）动作测试。

检测方法：把怠速阀顺转线圈、逆转线圈分别与蓄电池正、负极连接，按住阀芯，锥形阀芯应能伸出和收回，如图 2-8-7 所示。

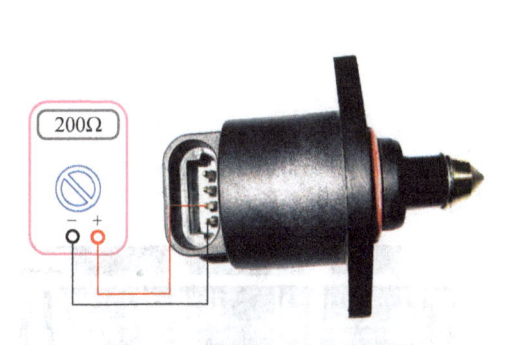

图 2-8-6　怠速阀线圈电阻的测量

图 2-8-7　怠速阀动作测试

2. 喷油器

1）喷油器的结构与工作原理

（1）结构：如图 2-8-8 所示，喷油器由喷油器体、顶杆针阀、油道、缝隙滤芯等组成。

（2）工作原理：当发动机 ECU 检测到喷油信号时，ECU 接通喷油器电路（图 2-8-9）的搭铁线，电磁阀通电，喷油器喷油孔开启，燃油在系统压力作用下从喷油孔喷射到进气门附近的进气歧管内。ECU 根据不同传感器的输入信号调整喷油器的喷油信号和喷油时间。

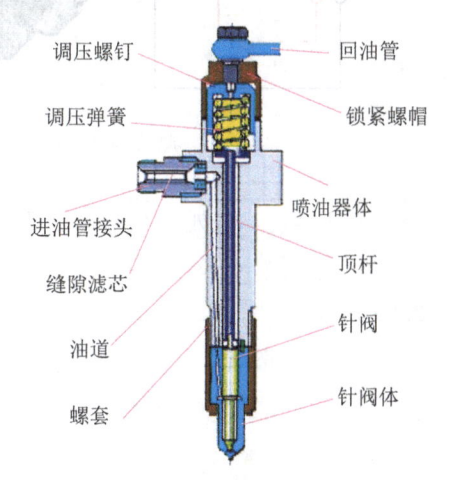

图 2-8-8　喷油器的结构

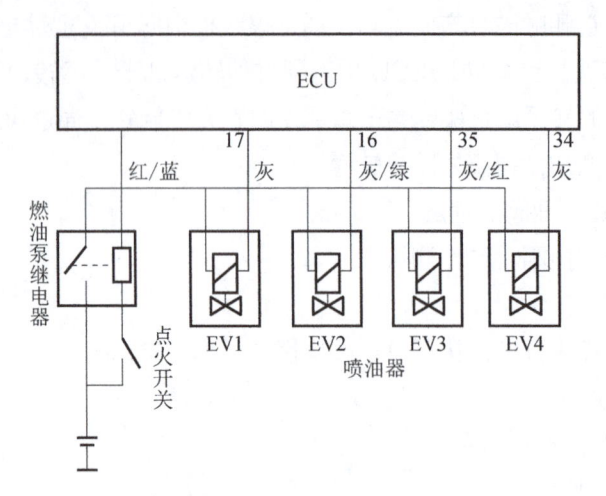

图 2-8-9 喷油器电路

2）喷油器的检测

（1）测喷油器电阻。

检测条件：关闭点火开关，拔下喷油器插接件。

万用表量程：200Ω。

检测方法：如图 2-8-10 所示。

参数范围：低阻喷油器为 2～4Ω，高阻喷油器为 12～18Ω。

（2）测喷油量。

检测条件：拆下喷油器，装到专用检测设备上。

检测方法：如图 2-8-11 所示，起动设备，观察汽油雾化情况及喷油量。

图 2-8-10　测量喷油器电阻　　　　图 2-8-11　测喷油器喷油量

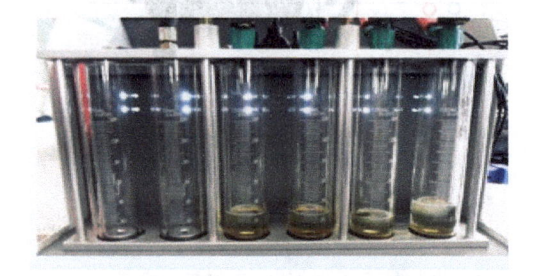

雾化情况：应如图 2-8-12 所示。

参数范围：15s 喷油量为 70～80mL（每个喷油器误差不超过 9mL），否则应洗喷油器或更换喷油器。

（3）漏油测试。断开蓄电池连接线后，观察喷油器处有无漏油，每分钟漏油不多于 1 滴，否则应清洗或更换喷油器。

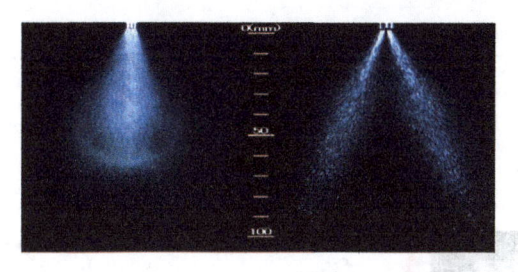

图 2-8-12　测喷油器雾化情况

3. 电动燃油泵

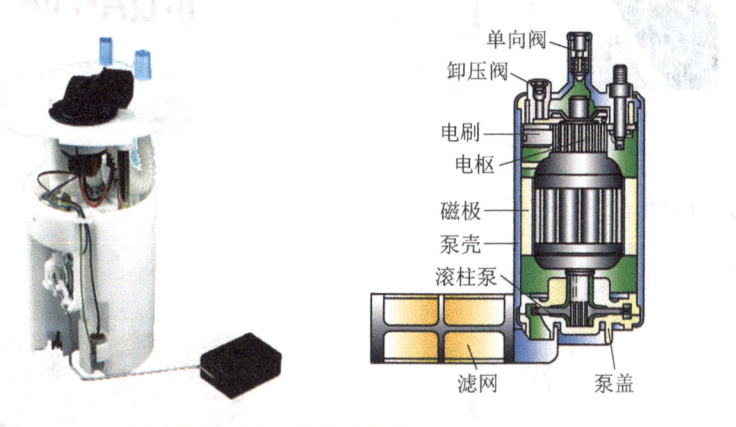

（1）结构：如图 2-8-13 所示。

图 2-8-13　电动燃油泵的结构

（2）油泵或线路损坏，发动机容易出现以下故障：起动困难、加速不良、怠速不稳、容易熄火。

（3）电动燃油泵的检测。

检测内容：油泵电阻、动作测试。

① 测油泵电阻。

检测条件：关闭点火开关，拔下油泵插接件。

万用表量程：200Ω。

检测方法：如图 2-8-14 所示。

图 2-8-14　油泵电阻的测量

参数范围：0.2～15Ω。

② 动作测试。

如图 2-8-15 所示，把电动燃油泵插接件拔下，用导线把油泵两端子与蓄电池正、负极连接，靠近油泵，应能听见油泵运转声，否则应拆检或换油泵。

图 2-8-15　电动燃油泵动作测试

4. 炭罐电磁阀

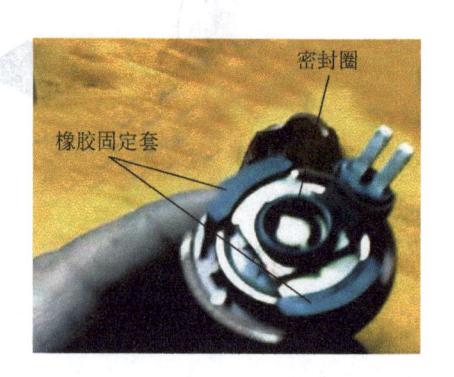

（1）结构：如图 2-8-16 所示。

图 2-8-16　炭罐电磁阀的结构

（2）怠速开关的检测

工作原理：发动机起动后，ECU 根据节气门位置传感器、冷却液温度传感器、车速、负荷等信号，控制炭罐电磁阀的开启程度，将炭罐内收集的燃油蒸气吸入进气歧管后，进入燃烧室燃烧，节省燃油，降低燃油蒸气的排放。

（3）炭罐电磁阀损坏时，发动机会产生以下故障：发动机失速、怠速不稳、空燃比不正确。

（4）炭罐电磁阀的检测。

检测内容：线圈电阻、输入电源电压。

①测线圈电阻。

检测方法：如图 2-8-17 所示。

图 2-8-17　测炭罐电磁阀的电阻

参数范围：2～30Ω。

②测输入电压。

打开点火开关，用万用表测电源输入线电压，应在 11.5V 以上（也可直接通电进行动作测试）。

5．EGR 阀

1）EGR 阀的结构

EGR 阀由电磁阀、电枢总成、EGR 阀位置传感器底座总成、EGR 阀芯等构成。别克轿车 EGR 阀的结构如图 2-8-18 所示。

图 2-8-18　别克轿车 EGR 阀的结构

2）EGR 阀的工作原理

别克轿车 EGR 阀的电气原理图如图 2-8-19 所示。发动机中、小负荷，高速工况下，ECU 根据各种传感器信号确定发动机工况，计算 EGR 流量。ECU 判断 EGR 系统满足工作条件时，接通 EGR 电磁阀搭铁电路，使进、排气管之间的管道接通，进气歧管的真空便加在 EGR 阀的膜片上使阀门打开，废气经 EGR 阀进入气缸。

EGR 位置传感器向 ECU 传送 EGR 阀开度信号，发动机 ECU 根据该信号改变加在 EGR 电磁阀的电压，使真空膜片动作并带动锥形阀改变进、排气管通道截面积，控制进入燃烧室的废气量。

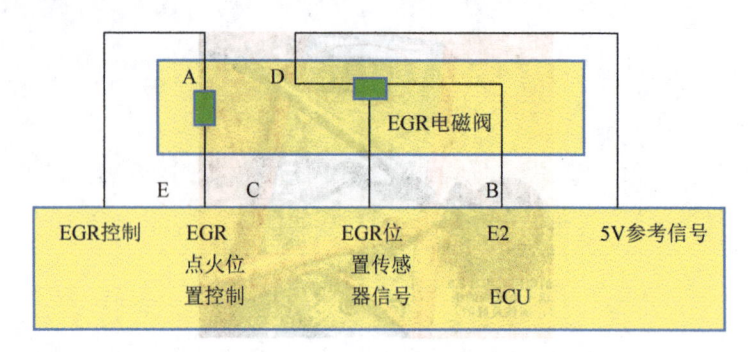

图 2-8-19 别克轿车 EGR 阀的电气原理图

3) EGR 阀的检测

(1) EGR 或其导线不良时，发动机会出现以下故障：起动困难、动力下降、怠速不稳、容易熄火。

(2) 检测内容：信号电压、电源电压、电磁阀电阻、线束电阻。

① 测信号电压。

检测条件：拔下 EGR 插接件，打开点火开关。

万用表量程：直流 20V。

参数范围：发动机以 2000～2500r/min 运转时为 0.3～5V。

② 测电源电压。

检测条件：拔下 EGR 插接件，打开点火开关。

万用表量程：直流 20V。

参数范围：EGR 阀电源电压为 5V。

③ 测 EGR 电磁阀电阻。

参数范围：5～20Ω。

④ 测线束电阻。

参数范围：1Ω 以下。

任务实施

1. 准备工作

准备整车或发动机台架、数字万用表、手电筒、维修手册、常用工具、车轮挡块、三件套。

2. 实施过程

(1) 两人配合，安放车轮挡块、翼子板布、前格栅布。

(2) 每小组两人，分工配合测量旋转滑阀式怠速阀、步进电动机式怠速阀线圈电阻并进行记录。

(3) 两人配合对旋转滑阀式怠速阀、步进电动机式怠速阀通电进行动作测试。

(4) 两人配合测喷油器、电动燃油泵线圈电阻并进行记录。

(5) 两人配合对喷油器、电动燃油泵通电进行动作测试。

(6) 两人配合测量炭罐电磁阀、EGR阀电阻并进行记录。

(7) 对比测量参数与维修手册参数，判断发动机各执行器的性能。

任务检验

任务结束后，完成以下项目工作页。

班级		姓名		学号	

1. 下图是四线步进电动机式怠速阀的工作原理图，请根据原理图写出判断步进电动机式怠速阀性能好坏的方法。

2. 如何判断喷油器的性能好坏？

3. 如何判断电动燃油泵的性能好坏？

项目三　汽油发动机电子控制系统的结构与检修

任务一　燃油喷射系统的结构与检修

学习内容

(1) 燃油供给系统的结构；
(2) 喷油器驱动电路的结构；
(3) 电动燃油泵驱动电路的结构；
(4) 燃油供给系统的检修。

学习目标

1. 知识目标
(1) 熟悉燃油供给系统的结构；
(2) 熟悉喷油器、电动燃油泵控制电路的结构；
(3) 熟悉燃油供给系统的检修内容、方法和步骤。
2. 能力目标
(1) 能正确使用检测仪器；
(2) 能正确检测燃油供给系统的部件性能、系统线路、系统压力；
(3) 能根据检测参数判断燃油供给系统的性能。

任务导入

在汽车的故障中，燃油供给系统不正常使发动机不工作或不能正常工作占了很大的比例，燃油供给系统不供油、供油量不足、供油量过大会使发动机出现以下故障：不能起动、难起动、加速不良、容易熄火。

作为汽车维修企业的技术人员、维修人员，必须熟悉燃油供给系统的结构、检修方法，否则很难按质按量完成汽车维修任务。

收集资料

1. 燃油供给系统的结构

燃油供给系统由油压调节器、喷油器、进油管、回油管等构成,如图 3-1-1 所示。

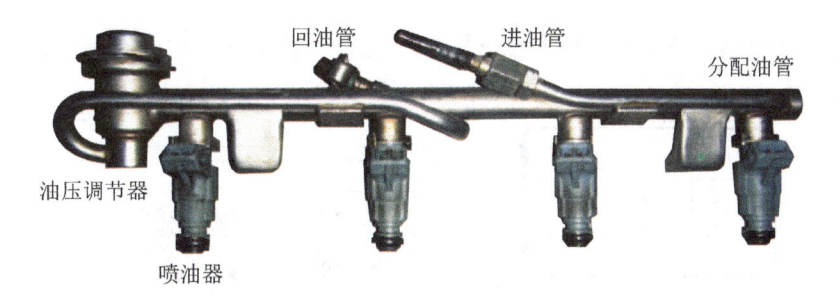

图 3-1-1　燃油供给系统的结构

1) 油压调节器

(1) 功用:根据进气歧管压力的变化来调节进入喷油器的燃油压力,使两者保持恒定的压力差。

(2) 调节范围:250～300kPa。

(3) 结构:如图 3-1-2 所示。

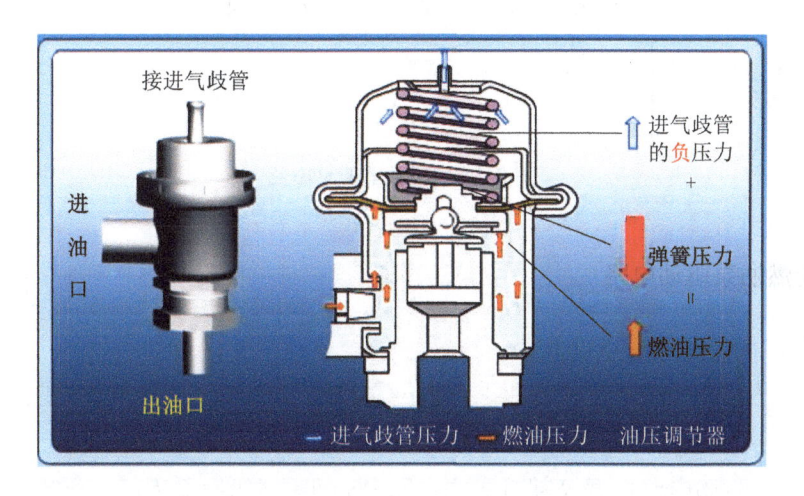

图 3-1-2　油压调节器的结构

(4) 工作原理:当输入的燃油压力高于弹簧的预紧力与进气歧管压力之和时,燃油推动膜片向上压缩弹簧,打开回油阀,部分燃油流回油箱,油路油压降低。

当燃油压力低于弹簧的预紧力与进气歧管压力之和时,关闭回油阀,部分燃油流回油箱,油压升高。喷油压力随进气歧管压力的变化而变化，使喷油压力与进气歧管压力之差保持不变。

2）燃油分配管

功用：将燃油均匀、等压输送给各缸喷油器。

2. 喷油器驱动电路

喷油器驱动电路由喷油器、燃油泵继电器、ECU 及连接导线构成，如图 3-1-3 所示。

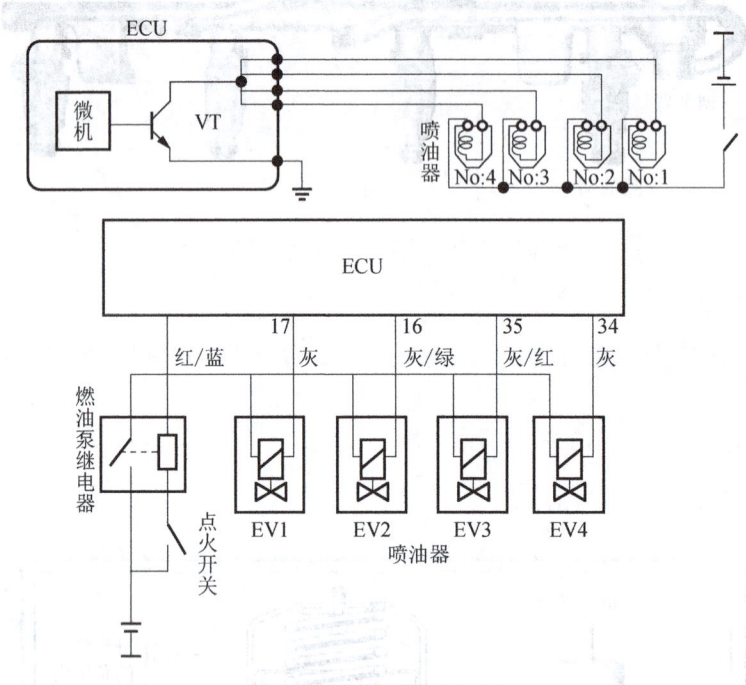

图 3-1-3　喷油器驱动电路

3. 电动燃油泵驱动电路

1）结构

电动燃油泵驱动电路由电动燃油泵、油泵继电器、ECU 及连接导线构成。

2）类型

电动燃油泵驱动电路根据控制方式的不同分为四种类型：①用空气流量传感器油泵开关控制（这种控制方法已淘汰）的油泵电路，如图 3-1-4 所示；②电阻式转速信号控制的油泵电路，如图 3-1-5 所示；③油泵 ECU 控制的油泵电路，如图 3-1-6 所示；④机油压力开关控制的油泵电路，如图 3-1-7 所示。

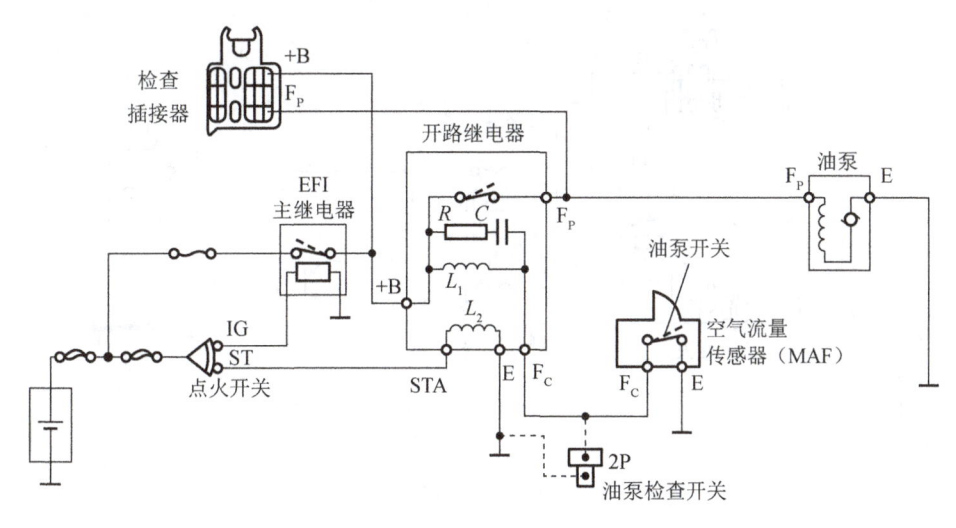

项目三 汽油发动机电子控制系统的结构与检修

图 3-1-4 用空气流量传感器油泵开关控制的油泵电路

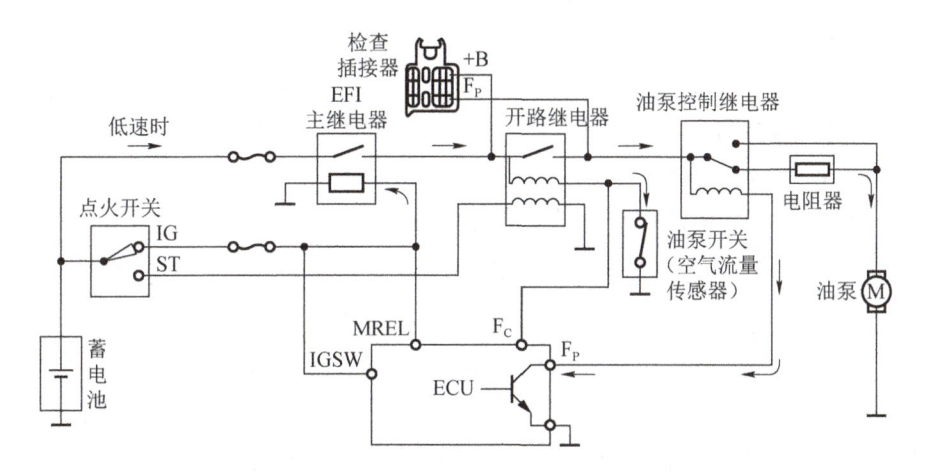

图 3-1-5 电阻式转速信号控制的油泵电路

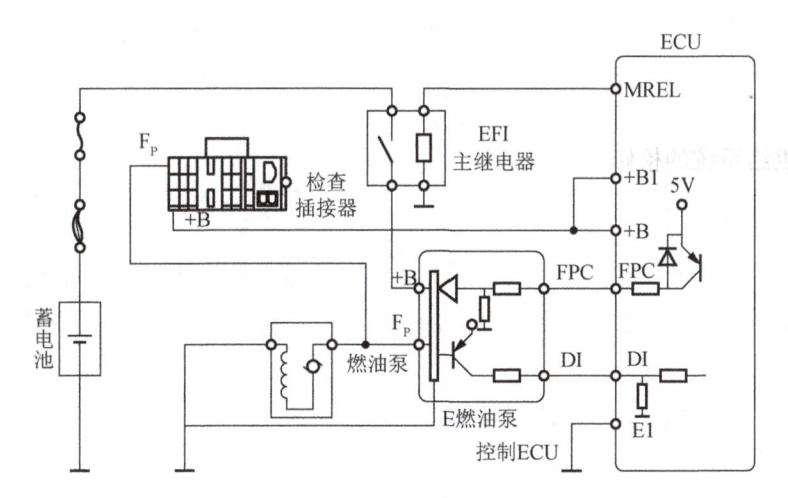

图 3-1-6 油泵 ECU 控制的油泵电路

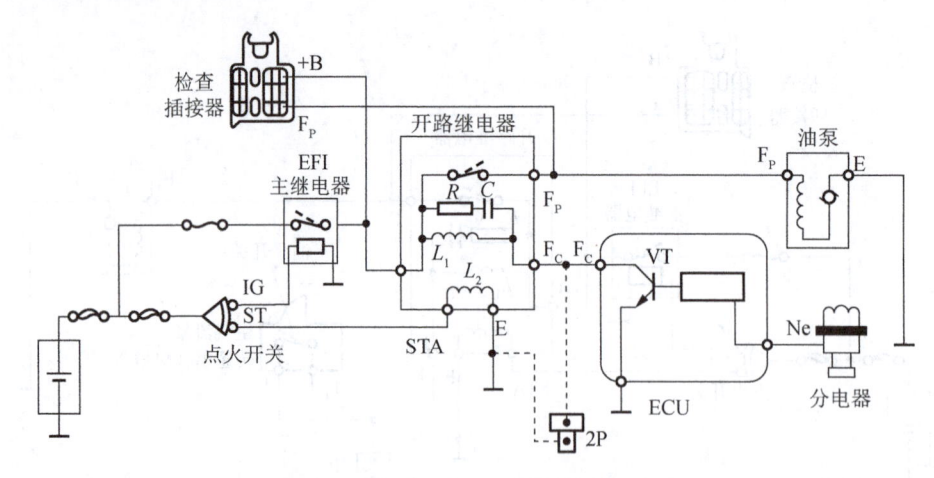

图 3-1-7 机油压力开关控制的油泵电路

电阻式转速信号控制的油泵电路的特点：油泵转速可以变化。发动机转速高，油泵转得快；发动机转速低，油泵转得慢。

机油压力开关控制的油泵电路的特点：机油压力达到 28kPa 时，油压开关闭合通电，油泵长时间工作；发动机熄火后，油压开关断开，油泵停止工作。

3）工作原理

以图 3-1-5 所示的电阻式转速信号控制的油泵电路来介绍工作原理。

（1）发动机怠速或小负荷工作时：发动机 ECU 发出指令，油泵继电器线圈通电，触点 B 吸合，油泵通电工作。电流流向：蓄电池→主继电器触点→开路继电器触点→油泵继电器触点→附加电阻→油泵→搭铁。由于附加电阻窜入电路，故油泵低速工作。

（2）发动机小负荷运转时：发动机 ECU 判断接收到小负荷信号，要适当加大供油量，ECU 发出切断油泵继电器搭铁回路的指令，继电器触点 B 断开，A 吸合，附加电阻无电流，油泵工作电流加大，转速升高，泵油量增大。

小提示：电动燃油泵在打开点火开关时或关闭点火开关后，先运转 2～3s，目的是预先给系统建立油压，为下次起动发动机做准备。

4. 燃油供给系统的检修

1）燃油压力的检测

（1）目的：可判断油泵、油压调节器、燃油滤清器有无故障，有无堵塞。

（2）量具、检具：量程为 0.5～1MPa 的油压表、专用的油管接头，如图 3-1-8 所示。

（3）检测步骤和方法。

第一步：释放燃油压力（目的是防止拆油管时燃油喷出伤人）。

方法：

① 起动发动机怠速运转。

② 拆下油泵继电器或油泵电源接线，让发动机自行熄火。

③ 起动发动机 2 或 3 次，装上电源线即可。

图 3-1-8　油压表及油管接头

第二步：燃油压力的预置（目的是防止拆修后系统内无压力，使首次起动困难）。
方法：反复打开和关闭点火开关数次。
第三步：油压表的安装，如图 3-1-9 所示。
① 释放系统内压力。
② 关闭点火开关，拆下蓄电池负极电缆。
③ 把油压表装到燃油滤清器与燃油分配管之间的管路上。
④ 重新装好蓄电池负极电缆。
第四步：检测系统静态（不起动发动机）油压。
① 短接检查插接器 +B-F_p 端子，如图 3-1-10 所示。

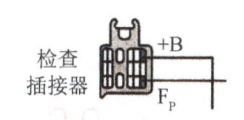

图 3-1-9　油压表的安装　　　　　图 3-1-10　短接检查插接器

② 打开点火开关，让油泵运转。
③ 观察油压表的读数，正常为 280～300kPa。读数过高，应检查油压调节器；读数过低，应检查油路，检查油泵、调节器、滤清器。
④ 关闭点火开关，拔掉检测孔跨接线。
第五步：检测保持压力。
结束静态油压检查 5min 后再观察油压表，此时的压力称为保持压力。
正常值：油压大于 147kPa。

第六步：检测发动机怠速、高速状态油压，如图 3-1-11 所示。

怠速状态油压：正常值 250～280kPa（车型、排量不同，参数也不同）。

高速状态油压：正常值 280～350kPa（车型、排量不同，参数也不同）。

图 3-1-11　检测发动机怠速、高速状态油压

2）燃油供给系统部件的检测

（1）电动燃油泵的检测。

小提示：拆卸油泵前，应先释放系统压力；装油泵后，应对系统预置压力。

油泵损坏或其线路有故障，发动机会出现以下故障：发动机能起动、加速不良、怠速不稳、容易熄火。

① 测线圈电阻：正常应为 0.2～15Ω。

② 直接通电试验：电动机应能正常转动（通电时间不超过 6s）。

③ 测油泵电源电压和搭铁性能。

a. 测电源电压，如图 3-1-12 所示。

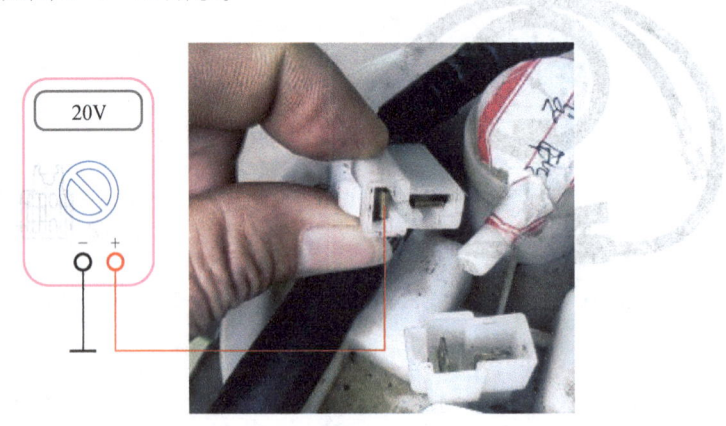

图 3-1-12　测油泵电源电压

检测条件：点火开关在"ON"位置。

参数范围：电压在 11.5V 以上。

b. 测搭铁性能，如图 3-1-13 所示。

检测条件：点火开关在"ON"位置。

参数范围：电阻在1Ω以下。

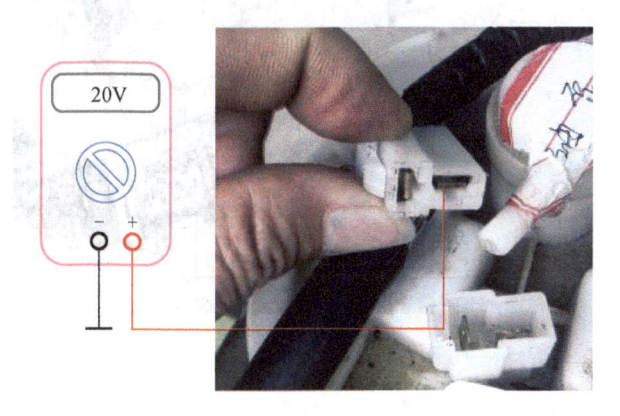

图 3-1-13　测油泵搭铁性能

④ 检查油泵熔断器（熔丝）：熔断的应更换。
⑤ 检测油泵继电器（图 3-1-14）。

图 3-1-14　油泵继电器

检测方法：用导线把油泵继电器端子 85、86 分别与蓄电池正、负极相接，再用万用表 200Ω 量程测端子 30-87。

正常情况：通电时应听到"嘀嗒"的触点吸合声，且测量 30-87 时应导通，电阻在 1Ω 以下。

（2）喷油器的检测。

喷油器线圈损坏，发动机会出现以下故障：不能起动或难起动，容易熄火，加速不良，排气管冒黑烟、"放炮"。

喷油器堵塞，发动机会出现以下故障：难起动、堵塞不稳、容易熄火、功率下降、加速迟缓。
① 测线圈电阻。低阻喷油器应为 2～4Ω，高阻喷油器应为 12～18Ω。
② 检测工作情况。起动发动机后，用听诊器靠近喷油器，应有清脆的"嗒、嗒、嗒"声。
③ 测电源电压和搭铁信号。
a. 测电源电压，如图 3-1-15 所示。

图 3-1-15　测喷油器电源电压

检测条件：点火开关在"ON"位置。

参数范围：电压在 11.5V 以上。

b. 测搭铁信号，如图 3-1-16 所示。

检测条件：起动发动机。

检测方法：如图 3-1-16 所示，把测试笔与喷油器插接件接线端子连接。

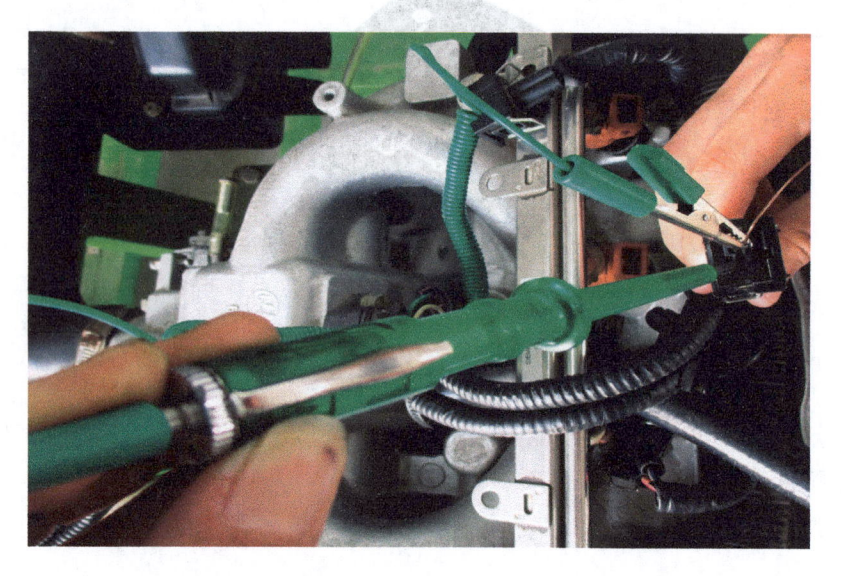

图 3-1-16　用汽车电路测试笔测喷油器搭铁信号

正常情况：测试笔的二极管会随着发动机运转不停地闪烁，否则应检查线束及 ECU。

④ 检测线束导通性。拔下 ECU 插接件，用万用表蜂鸣挡测 ECU 和喷油器插接件之间的连线，应导通。

⑤ 检测油泵继电器：应正常。

经以上检测，部件损坏的应更换，系统堵塞的应用压缩空气清洁，线路有故障的应视情况修理。

任务实施

1. 准备工作

准备整车或发动机台架、数字万用表、燃油压力表及专用检测头、汽车专用测试笔、维修手册、常用工具、车轮挡块、翼子板布。

2. 实施过程

(1) 安放车轮挡块、翼子板布。

(2) 按步骤检测五菱轿车或雪佛兰轿车燃油系统压力并将检测参数填写在表 3-1-1 中。

表 3-1-1　燃油系统压力检测参数记录表

检测车型	检测内容	检测条件	检测参数	性能判断
	静态油压	打开点火开关		
	保持压力	关闭点火开关		
	怠速油压	发动机怠速运转		
	高速油压	发动机高速运转		

(3) 两人配合对油泵进行动作测试。

(4) 两人配合检测油泵电阻、电源电压、线束电阻、搭铁电阻，并将检测参数填写在表 3-1-2 中。

表 3-1-2　电动燃油泵检测参数记录表

检测车型	检测内容	检测条件	检测参数	性能判断
	油泵电阻	拔下油泵插接件		
	电源电压	点火开关在"ON"位置		
	线束电阻	拔下传感器、ECU 插接件		
	搭铁电阻	拔下传感器插接件 点火开关在"OFF"位置		

(5) 两人配合对喷油器进行动作测试。

(6) 两人配合检测喷油器线圈电阻、电源电压、线圈搭铁性能，并将检测参数填写在表 3-1-3 中。

表 3-1-3 喷油器检测参数记录表

检测车型	检测内容	检测条件	检测参数	性能判断
	线圈电阻	拔下喷油器插接件测喷油器端子		
	电源电压	打开点火开关在"ON"位置		
	线束电阻	拔下传感器、ECU 插接件		
	搭铁电阻	点火开关在"OFF"位置		

任务检验

任务结束后,完成以下项目工作页。

班级		姓名		学号	

1. 写出检测燃油供给系统的准备工作。

2. 写出检测燃油压力的步骤及方法。

3. 画出电阻式转速信号控制的油泵驱动电路框图。

4. 电动燃油泵和喷油器损坏后,分别说明发动机会出现哪些故障。

5. 看图写出量具名称。

任务二　电控点火系统的结构与检修

学习内容

(1) 电控点火系统的结构；
(2) 电控点火系统的检修。

学习目标

1. 知识目标
(1) 熟悉电控点火系统的结构；
(2) 熟悉电控点火系统的电路连接；
(3) 熟悉电控点火系统的检修内容、方法和步骤。
2. 能力目标
(1) 能正确使用检测仪器；
(2) 能正确检测电控点火系统的部件性能和系统线路；
(3) 能根据检测参数判断电控点火系统的性能。

任务导入

在汽车的故障中，点火系统不正常使发动机不工作或不能正常工作占了很大的比例，点火系统无高压电火花、火花弱等会使发动机出现以下故障：不能起动、难起动、怠速不良、加速不良、容易熄火。

作为汽车维修企业的技术人员、维修人员，必须熟悉电控点火系统的结构、工作原理、检修方法，否则很难按质按量完成汽车维修任务。

收集资料

1. 电控点火系统的结构

如图 3-2-1 所示，电控点火系统一般由传感器、ECU、点火控制器、点火线圈、分电器和火花塞构成。

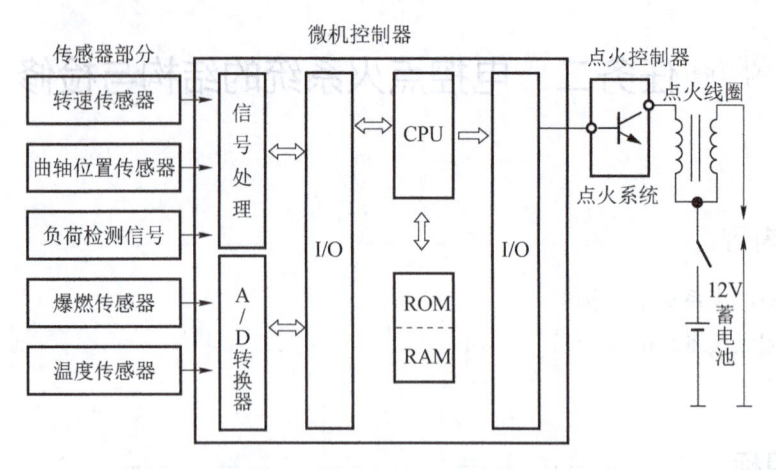

图 3-2-1　电控点火系统的基本构成

2. 电控点火系统的基本工作原理

发动机工作时，ECU 根据曲轴位置、空气流量、节气门位置、冷却液温度、进气温度、车速等传感器输入的信号，按存储器中的相关程序和数据，确定出最佳点火提前角和通电时间，并向点火控制器发出指令。点火控制器通过其内部的功率晶体管控制点火系统一次电路周期性通断，点火线圈产生很高的感应电动势，经分电器或直接送至工作气缸的火花塞产生电火花，点燃缸内的可燃混合气。

点火控制的主要信号（图 3-2-2）如下：

G 信号：判缸信号。

Ne 信号：曲轴转角信号。

IGT 信号：ECU 向点火控制器中的功率晶体管发出的通断控制信号。

IGF 信号：完成点火后，点火器向 ECU 输送的点火反馈（确认）信号。

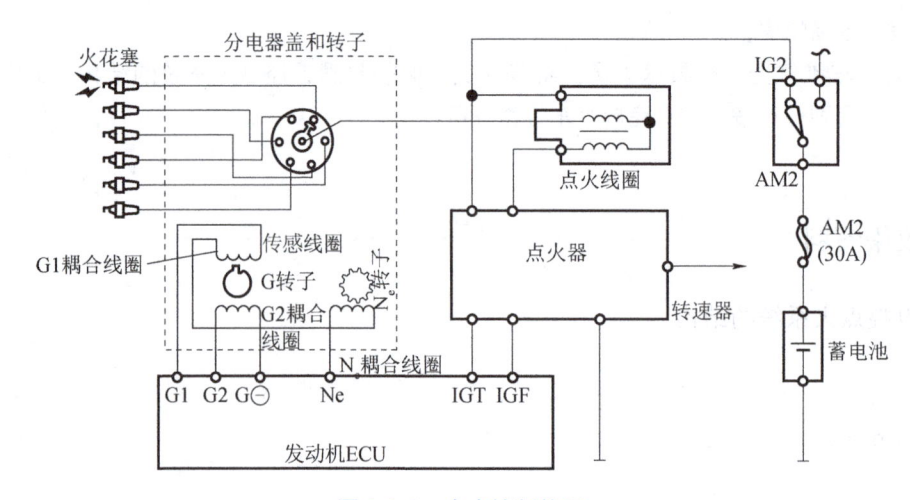

图 3-2-2　点火控制信号

3. 电控点火系统的类型

电控点火系统可分为有分电器式点火系统（现在汽车已基本不用这种点火类型）和无分电器式点火系统（现在汽车普遍采用这种点火类型）。

1）有分电器式点火系统（以丰田皇冠 3.0 轿车为例）

丰田皇冠 3.0 轿车 2JZ-GE 发动机有分电器点火系统电气原理图如图 3-2-2 所示。该发动机曲轴位置传感器装在分电器内，其中 G1、G2 耦合线圈和 G 转子产生 G1、G2 信号，用来确定活塞上止点的位置；Ne 耦合线圈和 Ne 转子产生 Ne 信号，用来确定曲轴转速。

工作原理：发动机工作时，ECU 根据发动机转速和负荷等传感器信号确定出最佳点火提前角，根据曲轴位置传感器信号确定出各缸活塞的位置，并在适当时刻向点火器输出点火信号 IGT，控制点火线圈一次电路周期性地通断，从而在二次绕组中产生高压电，再由配电器分配到各缸点火。

在点火过程中，一次电路每通断一次，点火器都会向 ECU 反馈一个点火确认信号 IGF。当 ECU 连续 6 次收不到 IGF 信号时，便判定点火系统有故障，控制喷油器停止喷油。

2）无分电器式点火系统

无分电器式点火系统又分同时点火式和独立点火式点火系统。

（1）同时点火：两个气缸共用一个点火线圈，该点火线圈的高压电同时送往两缸的火花塞，同时跳火。

一个缸在压缩行程点火，为有效点火；另一个缸在排气行程点火，为无效点火。

① 二极管分配式同时点火如图 3-2-3 所示。

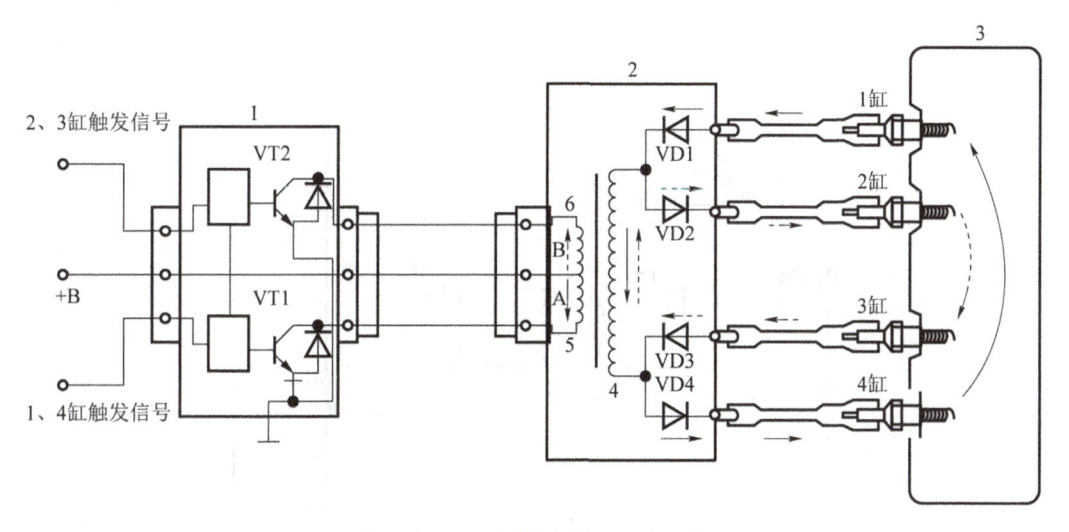

图 3-2-3 二极管分配式同时点火

② 点火线圈分配式同时点火如图 3-2-4 所示。

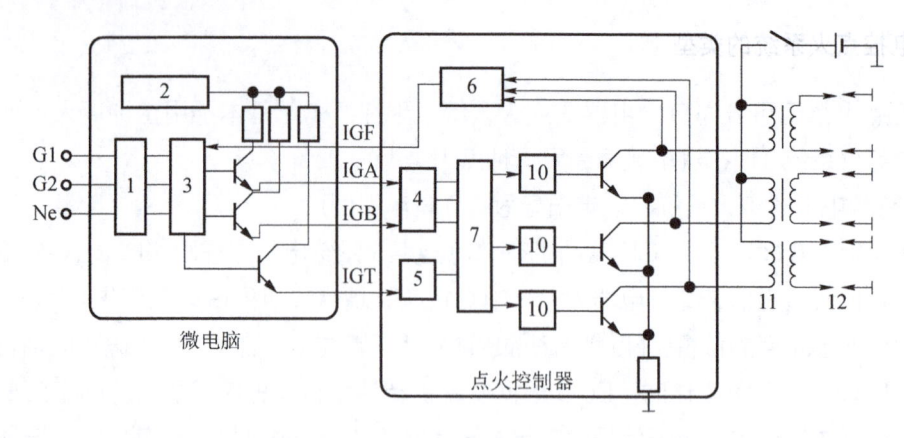

图 3-2-4　点火线圈分配式同时点火

(2) 独立点火：一个气缸配一个点火线圈，该点火线圈产生的高压电只送往一个缸。现代轿车大多采用独立点火方式。独立点火式点火系统如图 3-2-5 所示。

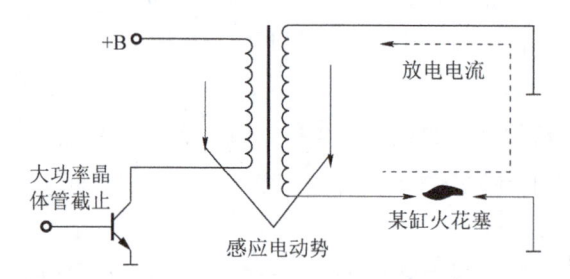

图 3-2-5　独立点火式点火系统

在无分电器电控点火系统中，一些车型的点火控制器独立安装，一些装在点火线圈内，电路原理图分别如图 3-2-6 和图 3-2-7 所示。

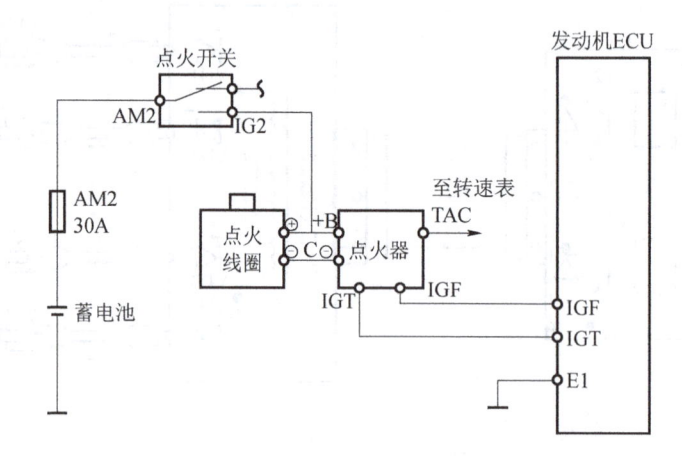

图 3-2-6　点火控制器独立安装的电控点火电路

点火控制器独立安装的电控点火电路主要被 20 世纪 80～90 年代的汽车采用，点火控制器、点火线圈独立安装。

点火控制器安装在点火线圈内的电控点火电路如图 3-2-7 所示。

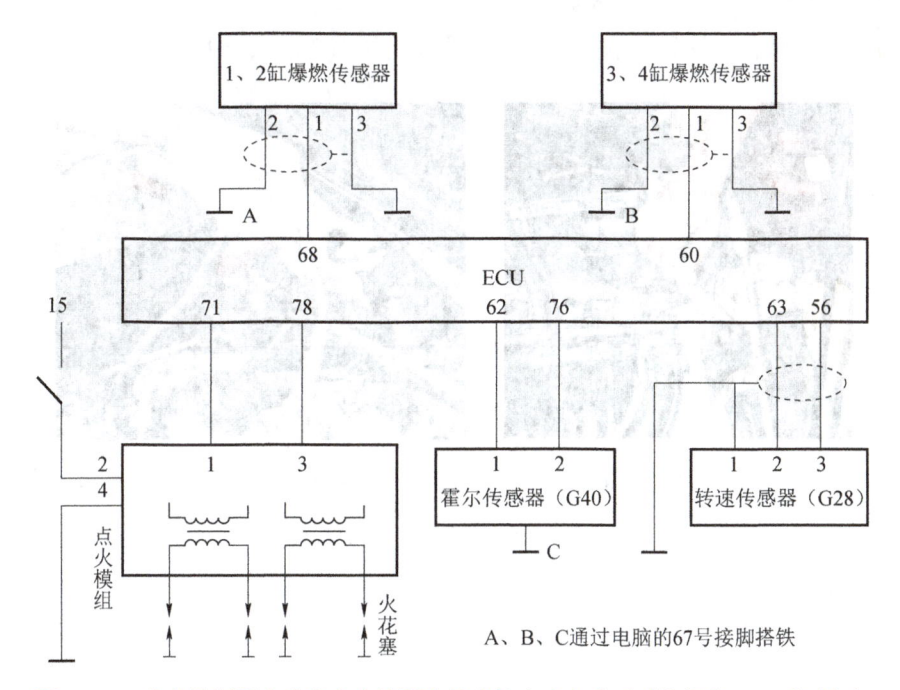

项目三　汽油发动机电子控制系统的结构与检修

图 3-2-7　点火控制器安装在点火线圈内的电控点火电路（时代超人 AJR 发动机）

点火控制器安装在点火线圈内的电控点火电路被现代轿车普遍采用。点火控制器装在点火线圈内，点火线圈有三根或四根低压连接导线。例如，五菱微型客车点火线圈为三根低压连接导线 +B、IGT、E，没有点火反馈线；大众时代超人、卡罗拉轿车为四根低压连接导线 +B、IGT、IGF、E，如图 3-2-8 所示。

+B: 9～14V；IGF: 4.5～5.5V；IGT: 起动发动机有电，在 0.1～4.5V 变化。

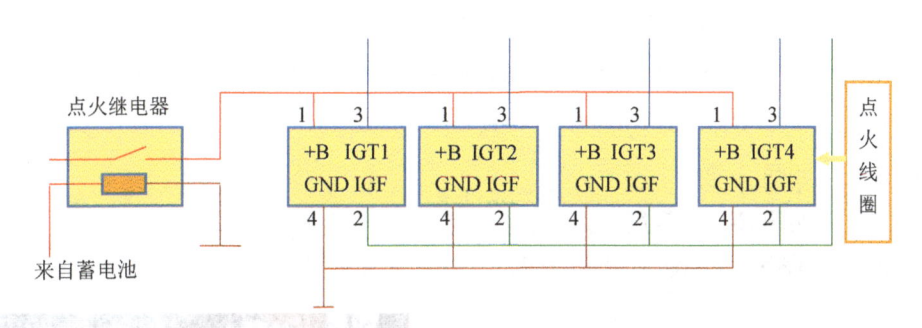

图 3-2-8　卡罗拉轿车 1ZR-EF 发动机点火系统电路

4. 电控点火系统的检修

（1）点火系统无电火花，发动机会出现的故障：发动机不能起动。

（2）点火系统电火花弱、火花小，发动机会出现的故障：难起动、容易熄火、怠速不稳、加速不良、功率下降。

1）点火线圈高压跳火试验

检测条件：拆下点火线圈，起动发动机。

检测方法：如图 3-2-9 所示，火花塞装入火花塞帽或点火线圈并搭铁。

图 3-2-9　电控点火系统跳火试验

正常情况：电火花呈蓝白色、集中、连续，有明显跳火声。

2）火花塞的检查

（1）观察电极颜色，如图 3-2-10 所示。

正常颜色：褐色或米黄色。

不正常颜色：黑色、乌黑色、白色。

正常燃烧　　　积炭严重　　　黑色油迹　　　呈白色

图 3-2-10　正常与不正常的火花塞

（2）测量、调整火花塞电极间隙。

测量方法：如图 3-2-11 所示。

调整方法：如图 3-2-12 所示。

正常间隙：0.6～0.8mm。

塞尺

图 3-2-11　测量火花塞电极间隙 　　　图 3-2-12　调整火花塞电极间隙

3）检测点火线圈

（1）不带点火控制器的点火线圈。

测量一次绕组电阻和二次绕组电阻，如图 3-2-13 和图 3-2-14 所示。

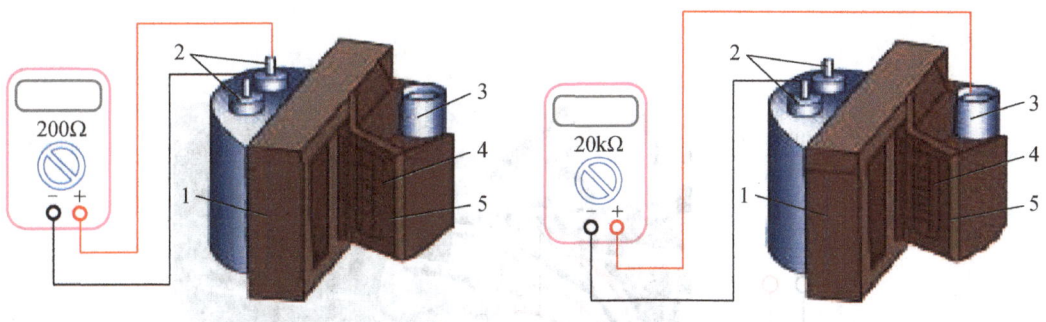

图 3-2-13　测量点火线圈一次绕组电阻　　　　图 3-2-14　测量点火线圈二次绕组电阻

（2）带点火控制器的点火线圈。

通过换件法直接判断或测外围电路间接判断其性能。

4）检测高压连接导线电阻

用万用表 20kΩ 量程测量高压导线两端电阻，应为 0.5～3kΩ。

5）检测点火系统低压电路（以丰田卡罗拉轿车为例）

（1）测点火信号 IGT 电压。

检测条件：起动发动机。

万用表量程：直流 20V。

检测方法：如图 3-2-15 所示。

参数范围：0.1～4.5V。

（2）测电源电压（+B）。

检测条件：打开点火开关，不起动发动机。

万用表量程：直流 20V。

检测方法：如图 3-2-16 所示。

参数范围：9～14V。

图 3-2-15　测量点火信号 IGT 电压　　　　图 3-2-16　测量电源电压（+B）

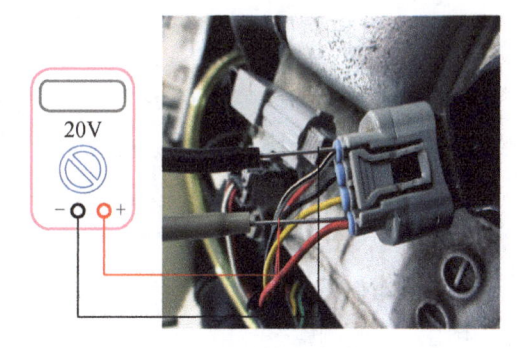

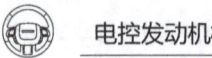

(3) 测反馈信号 IGF 电压。

检测条件：打开点火开关。

万用表量程：直流 20V。

检测方法：如图 3-2-17 所示。

参数范围：0.1～4.5V。

图 3-2-17　测量反馈信号 IGF 电压

(4) 测量搭铁线电阻：应在 1Ω 以下。

(5) 测量线束电阻：应在 1Ω 以下。

6) 检查点火电路熔断器（熔丝）

打开熔断器盖，找到点火保险，取下熔丝并观察其是否熔断，也可用万用表电阻挡测量保险两插脚是否导通。

任务实施

1. 准备工作

准备整车或发动机台架、数字万用表、汽车专用测试笔、维修手册、常用工具、火花塞套筒、车轮挡块、三件套。

2. 实施过程

(1) 安放车轮挡块、翼子板布、前格栅布、变速杆置于 P 或 N 位置。

(2) 两人配合，拆卸点火线圈，插入火花塞，起动发动机进行跳火试验。

(3) 拆卸火花塞，检查火花塞电极颜色，测量电极间隙并记录测量参数。

(4) 测量点火线圈一、二次绕组电阻并记录测量参数。

(5) 测量一次电路点火信号 IGT 电压、电源电压 +B、反馈信号 IGF 电压、搭铁电阻、线束电阻，并把测量参数填写在表 3-2-1 中。

表 3-2-1 电控点火系统一次电路检测参数记录表

检测车型	检测内容	检测条件	检测参数	性能判断
	IGT 电压	起动发动机		
	+B 电压	打开点火开关		
	IGF 电压	打开点火开关		
	搭铁电阻	拔下点火线圈插接件		
	线束电阻	拔下电路两端插接件		

(6) 检查点火电路点火保险。

任务检验

任务结束后，完成以下项目工作页。

班级		姓名		学号	

1. 写出检修电控点火系统电火花弱的故障现象。

2. 写出电控点火系统检修项目内容。

3. 画出卡罗拉轿车点火电路框图。

4. 自己动手搜索上海通用五菱微型车、通用别克轿车电控点火电路，画出电路框图。

5. 如何判断电控点火系统一次电路是否有故障？

任务三　怠速控制系统的结构与检修

学习内容

(1) 怠速控制系统的结构；
(2) 怠速控制系统的检修。

学习目标

1. 知识目标
(1) 熟悉怠速控制系统的结构；
(2) 熟悉怠速控制系统的电路连接；
(3) 熟悉怠速控制系统的检修内容、方法和步骤。

2. 能力目标
(1) 能正确使用检测仪器；
(2) 能正确检测怠速控制系统的部件性能和系统电路；
(3) 能根据检测参数判断怠速控制系统的性能。

任务导入

怠速不正常是常见的汽车故障，除了怠速阀损坏使怠速不正常外，还可能是怠速控制电路有故障。因此，作为汽车维修企业的技术人员、维修人员，应熟悉怠速控制系统的结构、工作原理和检修方法，否则很难按质按量完成汽车维修任务。

收集资料

发动机的怠速控制系统主要有旁通空气控制式和节气门直动式两大类，其中旁通空气控制式又分旋转滑阀式、步进电动机式等类型。

旁通空气控制式怠速控制系统常见的是通过旋转滑阀式怠速阀或步进电动机式怠速阀增大或减小空气旁通道的截面来调整怠速；节气门直动式怠速控制系统用 ECU 控制直流电动机通电产生旋转力矩，调节节气门的开度（2%～5%）来实现怠速控制。

旁通空气式怠速控制系统主要由怠速控制阀（ISCV）、发动机 ECU 及各种传感器等构成。

1. 旁通空气式怠速控制系统的结构（如图 3-3-1 所示）

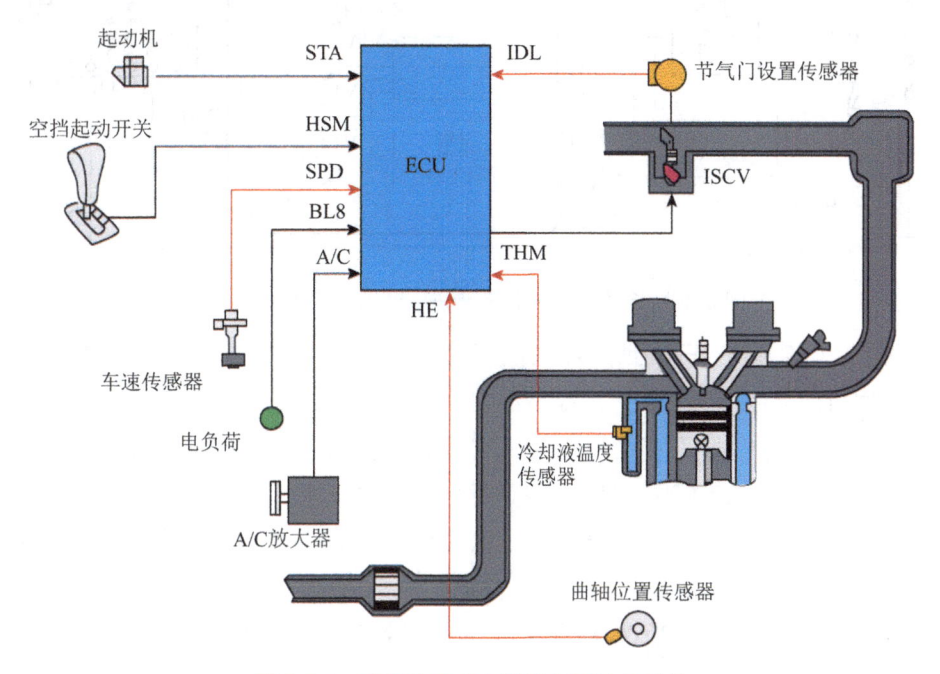

图 3-3-1　旁通空气式怠速控制系统的结构

旋转滑阀式怠速控制系统电路如图 3-3-2 所示。步进电动机式怠速控制系统电路如图 3-3-3 所示。

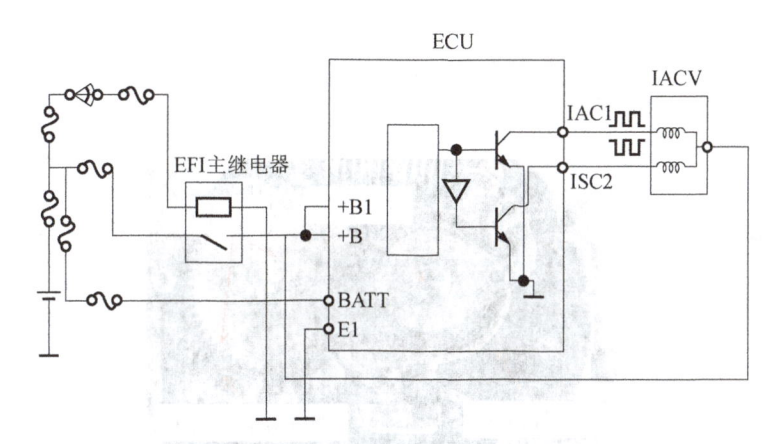

图 3-3-2　旋转滑阀式怠速控制系统电路

步进电动机式怠速控制系统的控制过程介绍如下。

起动初始位置设定：关闭发动机后，怠速阀自动回到全开位置，改善再起动性能。

起动控制：起动后，ECU 控制怠速阀，将阀门关小到冷却液温度确定的位置，防止转速过高。

暖机控制：暖机时，怠速控制装置从起动后冷却液温度所确定的位置逐渐关闭（70℃），回到正常怠速。

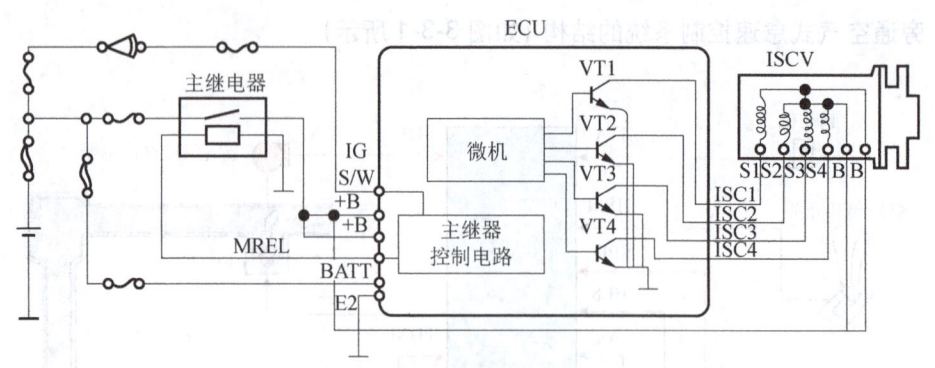

图 3-3-3　五菱车和丰田车步进电动机式怠速系统电路

反馈控制：若实际转速与目标转速相差超过 20r/min，ECU 控制怠速装置增减空气量，使实际转速尽可能与目标转速接近，提高控制精度。

稳定控制：发动机负荷增大或减小（空调 ON 或 OFF），发动机转速将减小或增大，ECU 控制怠速装置开大或关小，保持怠速的稳定。

稳压控制：电器增多，电源电压要下降，怠速装置开大，提高怠速，提高发电机输出功率，稳定电源电压。

学习控制：根据发动机实际状态的变化，ECU 控制并记忆怠速装置开度。

2. 节气门直动式怠速控制系统结构

节气门体上不再设置旁通气道，也不再设置怠速控制阀，发动机 ECU 通过直接控制节气门开度的方式来控制怠速转速。

1）半电子节气门

半电子节气门体结构如图 3-3-4 所示。

图 3-3-4　大众车系半电子节气门体结构

半电子节气门的工作特点：怠速时，怠速开关闭合，ECU 据此判定发动机进入怠速状态，于是通过怠速电动机及齿轮组等元件在一定范围内控制节气门的开度，节气门实际开度则由怠速节气门位置传感器信号反馈给 ECU，从而既可以实现对故障的监测功能，又可以实现 ECU 的自学习记忆功能。应急弹簧则用于应急运转功能。

ECU 的自学习记忆功能：发动机熄火后，ECU 内部会记忆维持规定怠速所需要的节气门开度，以便下次起动后能够迅速稳定怠速。此功能可以确保发动机逐渐磨损后，其怠速仍然维持不变。

应急运转功能：当 ECU 对怠速的控制失效时，应急弹簧可将节气门拉开至某一开度，从而使发动机维持在某一高怠速下继续运行。

2) 全电子节气门

近年来，许多车型上又出现了一种如图 3-3-5 所示的"全电子节气门"，或称为"智能节气门"。其全部开度范围都受发动机 ECU 的控制。

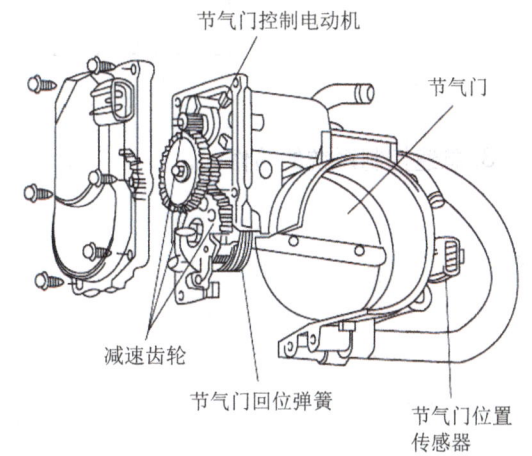

图 3-3-5 丰田车系全电子节气门体结构

全电子节气门的工作特点：用节气门控制电动机取代了节气门拉索，在加速踏板处另设一个加速踏板位置传感器，发动机 ECU 则根据该传感器信号控制节气门控制直流电动机电流的大小和方向，从而控制节气门的开度。节气门的实际开度则由节气门位置传感器反馈给发动机 ECU。

当没有电流流向直流电动机时，回位弹簧使节气门开启到一个固定位置（大约 7°，丰田卡罗拉为 6°），但是，在正常怠速期间，节气门的开度反而要小于这个固定位置。

全电子节气门的控制原理如图 3-3-6 所示。

在对节气门体进行清洗等维修作业或更换节气门体，或更换 ECU 后，ECU 内部的记忆值与节气门的实际开度可能不一致，因此会造成怠速波动现象。解决方法有以下两种。

方法一：起动发动机，反复踩几次加速踏板，并使发动机怠速运转 30min 左右即可（利用 ECU 的自学习记忆功能使怠速逐渐恢复稳定）。

方法二：用故障诊断仪的"自适应匹配"功能清除 ECU 内部的记忆值，并利用怠速节气门位置传感器信号重新记忆新的数据。

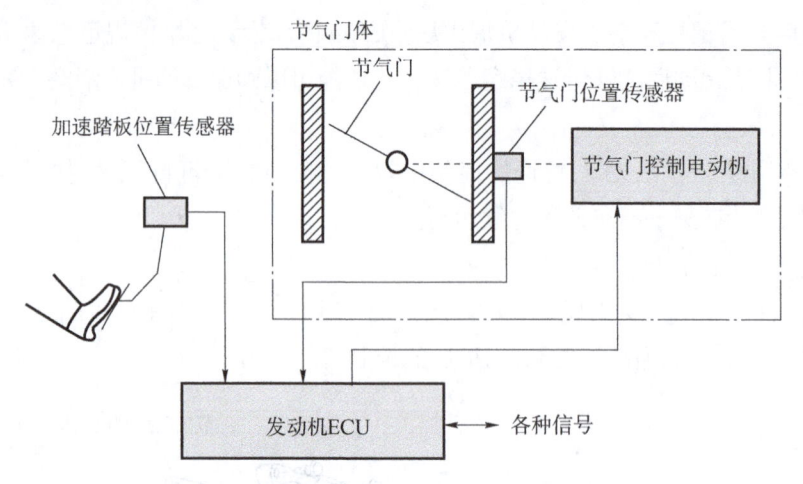

图 3-3-6　全电子节气门的控制原理

3. 怠速控制系统的检修

1）旋转滑阀式怠速控制系统的检测（以一汽花冠轿车发动机为例）

（1）测怠速阀线圈电阻。

检测条件：拔下怠速阀连接器，拆下怠速阀。

万用表量程：200Ω。

检测方法：将万用表调到200Ω量程，测线圈 +B-ISC1 、+B-ISC2 的电阻。

参数范围：17 ～ 24.5Ω。如不符合要求，则更换怠速阀。

（2）怠速阀的动作测试。

检测方法：分别向 +B 端子与 ISC1 端子之间、+B 端子与 ISC2 端子之间提供 12V 电压（时间不超过 1s），怠速阀如无动作，则更换怠速阀。

2）步进电动机式怠速控制系统的检测（以五菱车发动机为例）

（1）测怠速阀线圈电阻。

检测条件：拔下怠速阀连接器，拆下怠速阀。

万用表量程：200Ω。

检测方法：将万用表调到200Ω量程，测线圈的电阻。

参数范围：如图 3-3-7 所示。如不符合要求，则更换怠速阀。

图 3-3-7　五菱车怠速阀线圈电阻的测量

项目三　汽油发动机电子控制系统的结构与检修

(2) 测怠速阀电源电压。

检测条件：拔下怠速阀插接件，打开点火开关。

万用表量程：直流 20V。

检测方法：如图 3-3-8 所示。

参数范围：11.5V 以上。

万用表量程：200Ω。

(3) 测怠速阀搭铁线搭铁性能。

万用表量程：200Ω。

检测方法：如图 3-3-9 所示，搭铁线电阻应在 10kΩ 以上。

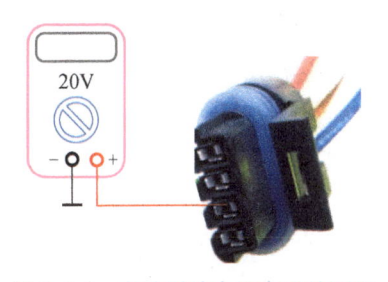

图 3-3-8　怠速系统电源电压的测量　　　图 3-3-9　测量五菱车怠速电动机搭铁线电阻

(4) 测怠速阀线束电阻。

检测方法：拔下怠速阀和 ECU 插接件，用万用表测怠速阀和 ECU 线束间的电阻，应在 1Ω 以下。

3) 直动式节气门怠速控制系统的检测（以大众迈腾 1.8L 发动机为例）

(1) 机械部件检查。目测节气门积炭、电动机轴承磨损、齿轮断齿、驱动机构卡滞情况等。积炭的应拆下节气门体（图 3-3-10），用化油器清洗剂清洗积炭；电动机轴承磨损、齿轮断齿的应更换损坏件或节气门体；驱动机构卡滞的应视情况修理或更换节气门体。

图 3-3-10　大众迈腾 1.8L 发动机电子节气门

(2) 动作测试。

检测方法：把两支测试针插入插接器（图 3-3-11）3 和 5 线孔，用两根导线把两支测试针分别与蓄电池正、负极连接，观察节气门是否动作。正常情况：通电时，直流电动机能完全打开节气门；断电后，节气门能复位。

直流电动机不能正常打开节气门的，应更换节气门体。

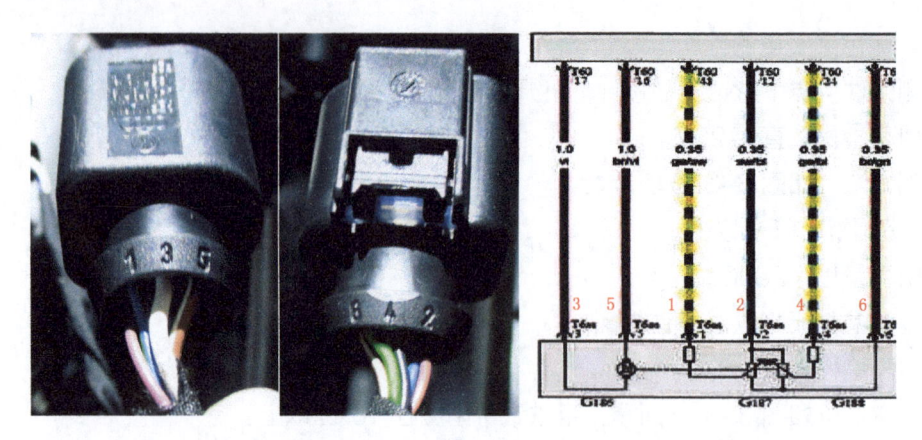

图 3-3-11　大众迈腾 1.8L 发动机电子节气门插接器实物和电路图

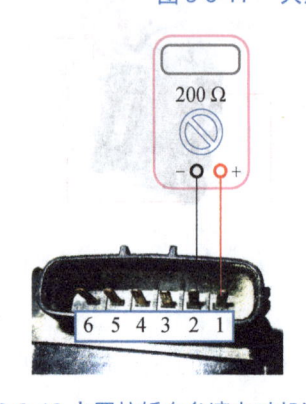

3）直流电动机电阻检测

检测条件：关闭点火开关，拆下节气门线束。

万用表量程：200Ω。

检测方法：如图 3-3-12 所示。

参数范围：0.3～100Ω（卡罗拉轿车怠速直流电动机电阻标准 20.3Ω）。

4）怠速开关检测

检测条件：拔下电子节气门线束接插件，测量怠速开关端子 3- 端子 7。

检测方法：如图 3-3-13 所示。

图 3-3-12 卡罗拉轿车怠速电动机测量

1—电动机＋（ME+）；2—电动机－（ME-）

参数范围：节气门关闭时 3 和 7 接通，电阻为 1Ω 以下；踩下加速踏板，3 和 7 不导通。

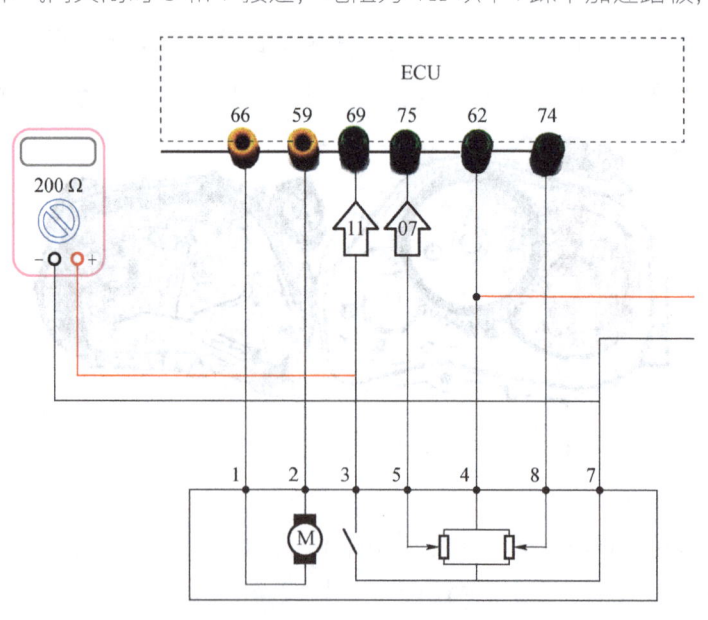

图 3-3-13　时代超人轿车怠速开关的测量

1—ME+；2—ME-；3—怠速开关；7—搭铁

5）检测线束电阻

检测条件：拔下节气门线束和 ECU 线束，测 3-17、5-10 之间端子电阻。

检测参数：线束电阻应在 1Ω 以下。

任务实施

1．准备工作

准备整车或发动机台架、数字万用表、汽车专用测试笔、维修手册、常用工具、车轮挡块、三件套。

2．实施过程

(1) 安放车轮挡块、翼子板布、前格栅布、变速杆置于 P 或 N 位置。

(2) 两人配合，拆卸旋转滑阀式怠速阀、步进电动机式怠速阀电阻并将检测参数填写在表 3-3-1 中。

(3) 两人配合，拆下怠速阀插接器测量怠速阀的电源电压，并将检测参数填写在表 3-3-1 中。

(4) 测量线束电阻并将检测参数填写在表 3-3-1 中。

表 3-3-1　怠速控制系统检测参数记录表

检测项目	检测内容	检测条件	检测参数	性能判断
旋转滑阀式怠速阀	线圈电阻	起动发动机		
	电源电压	打开点火开关		
	线束电阻	打开点火开关		
步进电动机式怠速阀	线圈电阻	拔下点火线圈插接件		
	电源电压			
	线束电阻			
直动式怠速直流电动机	电动机电阻	拔下节气门体线束		
	动作测试	给电动机端子通电		
	线束电阻	拔下电路两端插接件		

任务检验

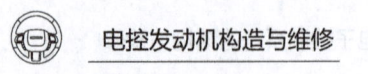

任务结束后，完成以下项目工作页。

班级		姓名		学号	
1. 写出步进电动机式怠速控制系统的控制过程。 2. 写出步进电动机式怠速阀电源电压的检测方法。 3. 写出直动式怠速控制系统直流电动机动作测试方法。 4. 画出大众车两种不同怠速控制电路框图。 					

任务四　排放控制系统的结构与检修

学习内容

(1) 排放控制系统的结构；
(2) 排放控制系统的检修。

学习目标

1. 知识目标
(1) 熟悉排放控制系统的结构；
(2) 熟悉排放控制系统的电路连接；
(3) 熟悉排放控制系统的检修内容和方法。

2. 能力目标
(1) 能正确使用检测仪器；
(2) 能正确检测排放控制系统的部件性能和系统电路；
(3) 能根据检测参数判断排放控制系统的性能。

任务导入

汽车废气排放不达标，既污染环境，车辆年检也会不合格。因此，作为汽车维修企业的技术人员、维修人员，应熟悉排放控制系统的结构、工作原理和检修方法，否则很难排除车辆排放超标的故障。

收集资料

1. 汽车排放污染的来源

汽车排放污染主要包括曲轴箱废气排放污染、燃油蒸气排放污染、发动机燃烧废气排放污染。

三种有害排放污染中，发动机排放废气主要是 CO（一氧化碳）、NO_2（氮氧化合物）、HC（碳氢化合物）。其中 CO、NO_x 和约占 60% 的 HC 都是由发动机排气管排出的。此外，曲轴箱废气和燃油箱燃油蒸发的 HC 排放占汽车 HC 总排放的 20%。

汽车排放控制，就是利用废气循环装置来减少汽车废气排放量，降低废气排放污染。

2. 废气排放控制系统的类型

废气排放控制系统包括曲轴箱强制通风系统、燃油蒸气排放控制系统和 EGR 控制系统。

3. 废气排放控制系统的结构、工作原理与检修

1) 曲轴箱强制通风（PCV）系统的结构、工作原理与检修

（1）PCV 系统的结构：由通风软管、通风阀、油气分离器等构成，如图 3-4-1 和图 3-4-2 所示。

图 3-4-1 曲轴箱强制通风系统结构

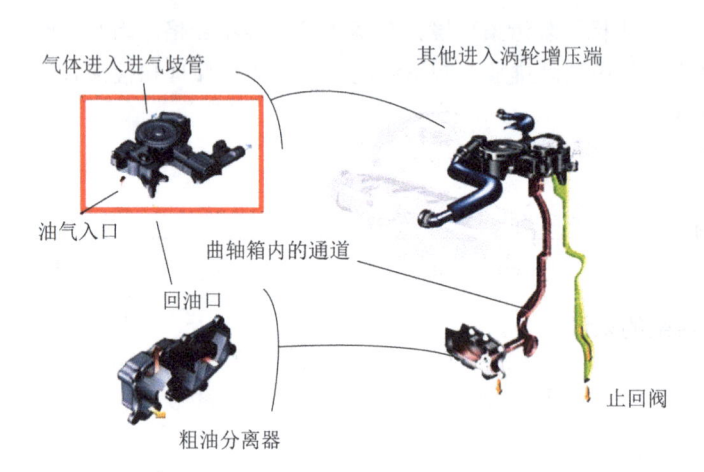

图 3-4-2 大众 1.8T、2.0T 发动机曲轴箱强制通风系统结构

PCV 系统的作用：回收燃烧室窜入曲轴箱的可燃混合气；防止机油变质；防止曲轴油封、曲轴箱衬垫渗漏；防止各种油蒸气污染大气。

（2）PCV 系统的工作原理：如图 3-4-3 所示，当发动机工作时，进气管真空度使新鲜

空气经空气滤清器、空气软管进入气缸盖罩，再由气缸盖和机体上的孔道进入曲轴箱。在曲轴箱内新鲜空气和曲轴箱气体混合后经气缸盖罩和曲轴箱气体软管进入进气管，最后经进气门进入燃烧室烧掉。根据发动机不同的工况，PCV 阀的开度不同，通过的空气量也不同，由此对曲轴箱通风进行控制。

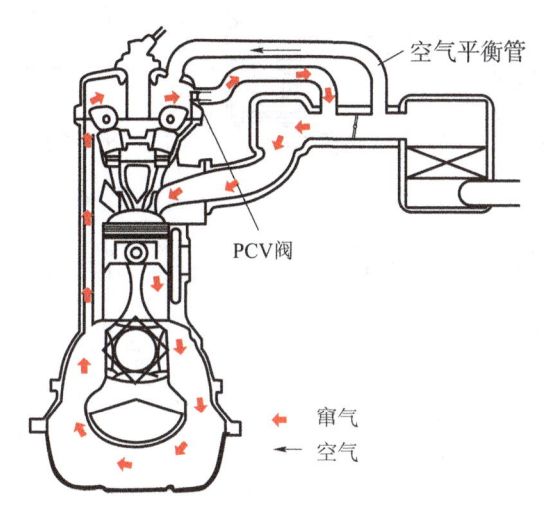

图 3-4-3　PCV 系统的工作原理图

（3）PCV 系统的常见故障现象：曲轴箱通风不良使曲轴箱内温度过高，机油过快变质；发动机不能起动或者起动困难；加速困难或发抖；怠速不稳或无怠速；油耗增加。

（4）PCV 系统的检修。

① 检查 PCV 阀工作情况。

检查方法：拆下缸盖端软管接头和 PCV 阀，把 PCV 阀装入曲轴箱强制通风软管，起动发动机，用手指按住或松开 PCV 阀口（图 3-4-4）检查 PCV 阀。

正常情况：正常安装 PCV 阀，有吸力；反向安装 PCV 阀，则没有吸力，否则更换 PCV 阀。

② 检查 PCV 软管。

检查方法：目视软管接头、软管。

正常情况：接头连接牢固、软管无破裂，否则更换卡箍或新管。

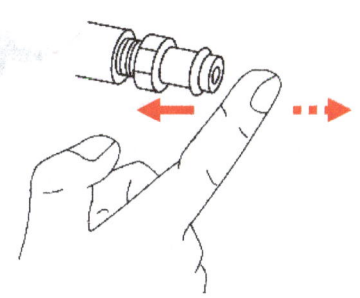

图 3-4-4　PCV 阀的检查

2）燃油蒸发控制（EVAP）系统的结构、工作原理与检修。

（1）结构：如图 3-4-5 所示，由活性炭罐、炭罐电磁阀、真空软管等构成。

EVAP 系统功用：收集汽油箱和浮子室内的汽油蒸气，并将汽油蒸气导入气缸参加燃烧，从而防止汽油蒸气直接排出大气而造成污染。

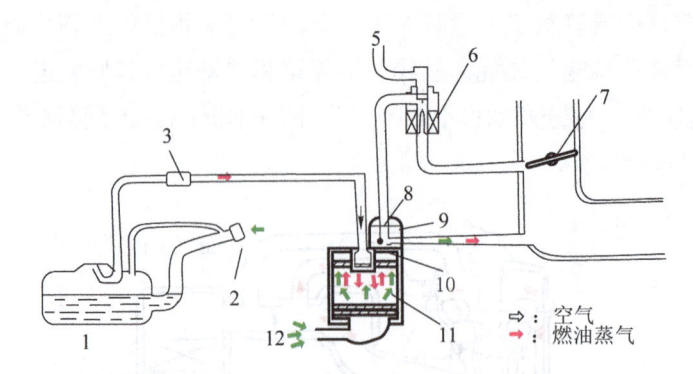

图 3-4-5　燃油蒸气排放控制系统的结构

1—燃油箱；2—油箱盖；3—单向阀；4—真空软管；5—接进气缓冲室；6—炭罐电磁阀；
7—节气门；8—主通气口；9—炭罐通气阀；10—定量通气孔；11—活性炭罐；12—新鲜空气

（2）EVAP 系统的工作原理：发动机工作时，ECU 根据发动机的转速、温度、空气流量等信号，控制炭罐电磁阀的开闭来控制排放控制阀上部的真空度，从而控制排放控制阀的开度。当排放控制阀打开时，燃油蒸气通过排放控制阀被吸入进气歧管。

在部分电控 EVAP 控制系统中，活性炭罐上不设真空控制阀，而将受 ECU 控制的电磁阀直接装在活性炭罐与进气管之间的吸气管中。

（3）EVAP 系统的检修。

EVAP 系统有不正常，发动机会出现的故障：发动机动力下降、怠速不稳、排放超标。

① 检测炭罐电磁阀的电阻：应符合要求。

② 动作测试。

测试方法：如图 3-4-6 所示。

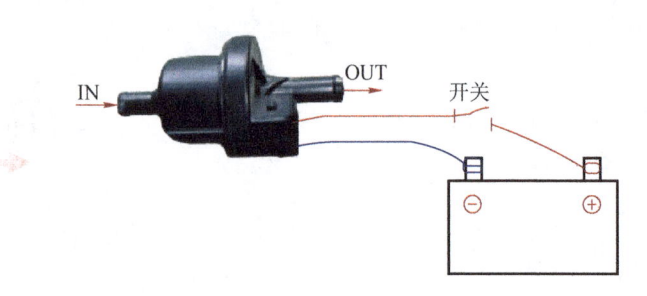

图 3-4-6　炭罐电磁阀动作测试

正常情况：通电后电磁阀能产生吸合声，进、出气口能通气，否则更换电磁阀。

③ 检测电磁阀电源电压：应在 11.5V 以上，否则检测电路保险、继电器、搭铁线、线束电阻。

④ 目视真空软管：应无断裂、折叠、松动，否则更换真空软管。

3）EGR 控制系统的功能、结构、工作原理与检修

（1）EGR 控制系统的功能：将适量的废气引入气缸内参加燃烧，从而降低气缸内的最

高温度，以减少 NO_x 的排放量。

(2) 开环控制的 EGR 控制系统的结构与工作原理。

① 结构：如图 3-4-7 所示，由 EGR 阀、EGR 电磁阀、真空软管等构成。

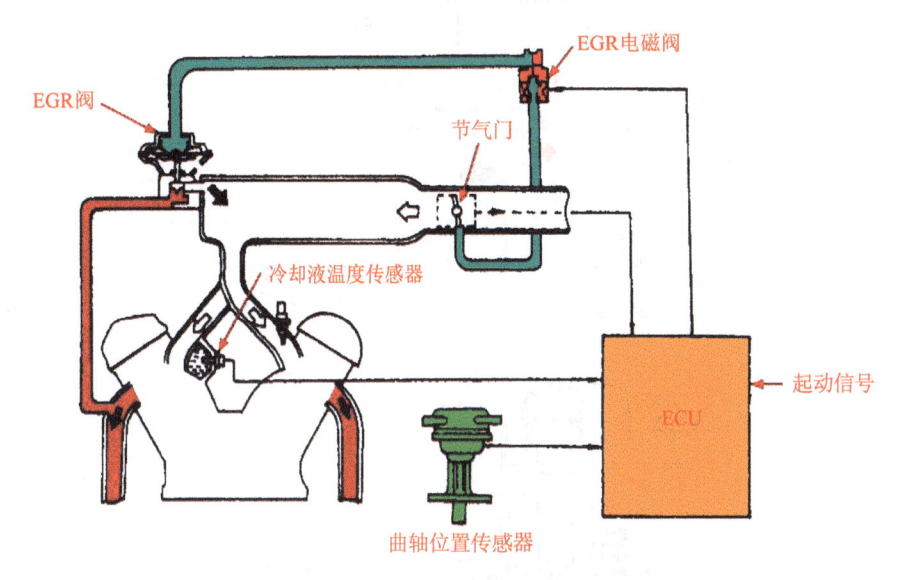

图 3-4-7　开环控制的 EGR 控制系统的结构

② 工作原理：ECU 根据发动机冷却液温度、节气门开度、转速和起动等信号来控制 EGR 电磁阀的通电或断电，从而控制 EGR 阀的开度。EGR 电磁阀有三个通气口（图 3-4-8），EGR 电磁阀不通电时，弹簧将阀体向上压紧，通大气阀口被关闭，EGR 电磁阀使进气歧管与 EGR 阀真空室相通；当 EGR 电磁阀线圈通电时，产生的电磁力使阀体下移，阀体下端将通进气歧管的真空通道关闭，而上端的通大气阀口打开，EGR 阀的真空室与大气相通。

(3) 闭环控制的 EGR 控制系统的结构与工作原理。

① 结构：闭环控制的 EGR 控制系统的结构如图 3-4-9 所示。闭环控制的 EGR 电磁阀如图 3-4-10 所示。

② 工作原理：检测实际的 EGR 率或 EGR 阀开度作为反馈控制信号来控制 EGR 系统，这种控制精度更高。

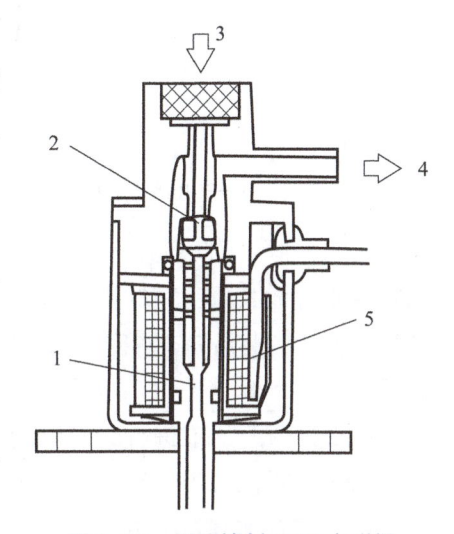

图 3-4-8　开环控制 EGR 电磁阀

1—空气通道；2—阀体；3—通大气；4—去 EGR 阀；5—电磁阀线圈；6—通进歧管

图 3-4-9 闭环控制的 EGR 控制系统的结构

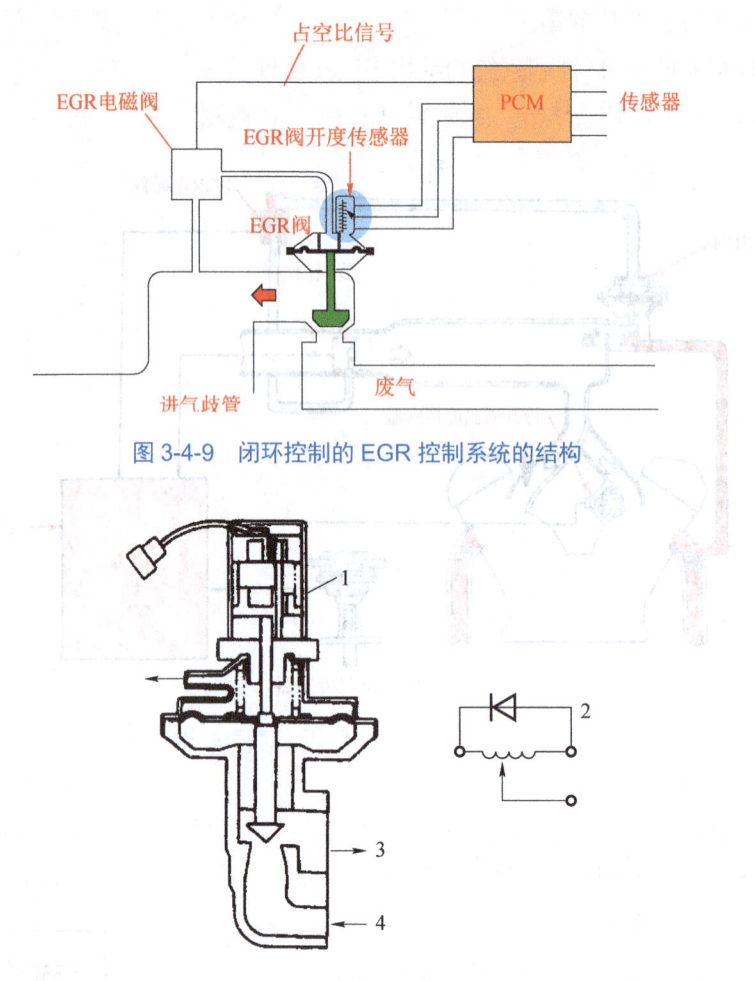

图 3-4-10 闭环控制的 EGR 电磁阀

1—EGR 阀开度传感器；2—EGR 开度传感器电路原理；3—废气出；4—废气入

EGR 阀膜片的一边（下部）通大气，装有弹簧的另一边为真空室，其真空度由 EGR 电磁阀控制。增大真空室的真空度，使膜片克服弹簧力上拱，阀的开度就增大，EGR 流量也就增加。当上部失去真空度时，膜片在弹簧力的作用下向下拱而使阀关闭，阻断废气再循环。

在下列情况下不进行废气再循环：发动机转速低于 900r/min 或高于 3200r/min 时；发动机低温时；发动机怠速时；发动机起动时。

(4) EGR 控制系统的检修。

EGR 控制系统产生故障时，发动机会出现以下故障：车辆排气污染增加；发动机功率下降；怠速运转不稳定甚至熄火。

EGR 控制系统的检修内容：EGR 阀工作性能、EGR 阀位置传感器工作性能、EGR 电磁阀（图 3-4-11）工作性能、EGR 控制电路。

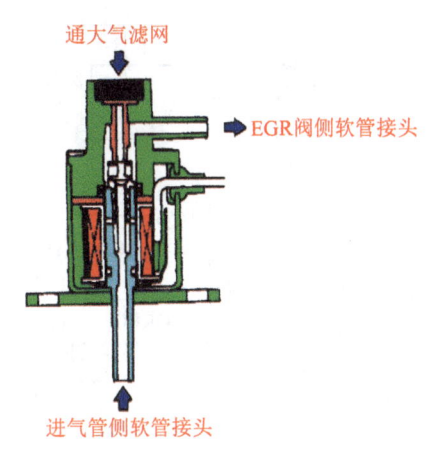

项目三　汽油发动机电子控制系统的结构与检修

通大气滤网

EGR 阀侧软管接头

进气管侧软管接头

图 3-4-11　EGR 阀电磁阀

① 一般检查：怠速时，拆下 EGR 阀上的真空软管，发动机转速应无变化，用手触试真空管口应无吸力；转速达 2500r/min 以上，同样拆下此真空软管，发动机转速应明显升高（中断了废气再循环）。

② EGR 阀的检测：如图 3-4-12 所示，给 EGR 阀施加 15kPa 的真空，EGR 阀应能开启；不施加真空时，EGR 阀应能完全关闭，能听到清晰的阀门关闭声。

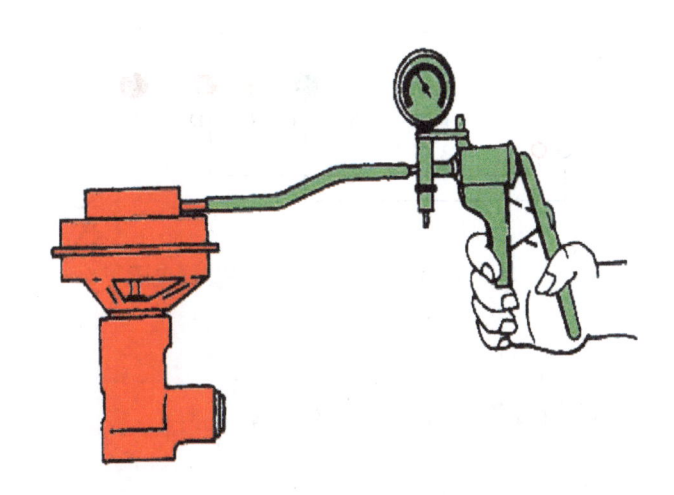

图 3-4-12　用 VIG1390 工具对 EGR 阀检查

③ EGR 电磁阀的检测。

a. 测电磁阀电阻值，应为 33～39Ω。

b. 不通电时，由通进气管侧接头吹入空气应畅通，由通大气的滤网处吹入空气应不通。通电时，与上述刚好相反。

④ EGR 控制电路的检测（以图 3-4-13 所示的别克轿车 EGR 控制电路为例）。

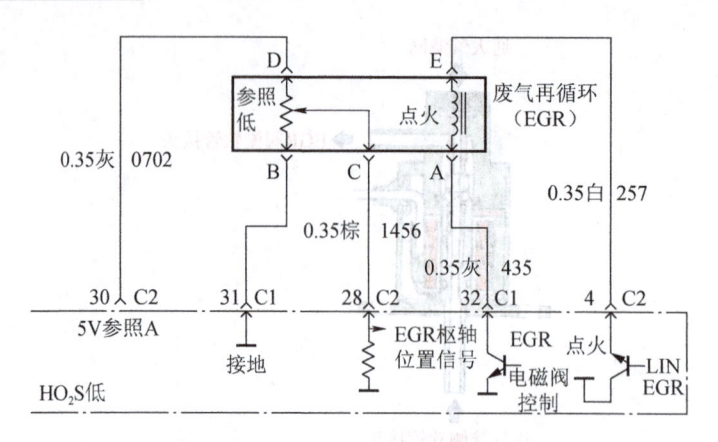

图 3-4-13　别克轿车 EGR 阀控制电路

a. 测量电源电压 D-B。

检测条件：拔下 EGR 插接器，打开点火开关。

万用表量程：直流 20V。

检测方法：如图 3-4-14 所示，红表笔接 D 端子，黑表笔接 B 端子。

参数范围：5V。

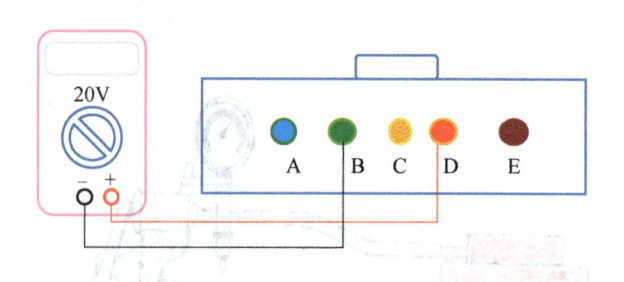

图 3-4-14　测别克轿车 EGR 阀电源电压

b. 测量信号电压 C-B。

检测条件：插好 EGR 阀插接器，起动发动机。

万用表量程：直流 20V。

检测方法：C 端子、B 端子分别插入测试针，红表笔接 C 测试针，黑表笔接 B 测试针。

参数范围：发动机以 1700～2500r/min 运转时，为 0.1～4.5V。

c. 线束电阻。

检测条件：关闭点火开关，拆卸蓄电池负极电缆，拔下 EGR 阀线束和 ECU 线束。

万用表量程：200Ω。

检测方法：两支表笔分别接 A-32、B-31、C-28、D-30、E-4。

参数范围：线束电阻在 1Ω 以下。

任务实施

1．准备工作

准备整车或发动机台架、数字万用表、VIG1390 专用工具、维修手册、常用工具、车轮挡块、三件套。

2．实施过程

(1) 安放车轮挡块、翼子板布、前格栅布、变速杆置于 P 或 N 位置。
(2) 两人配合，拆卸炭罐电磁阀，测量电磁阀电阻，记录测量参数。
(3) 两人配合，对炭罐电磁阀进行动作测试。
(4) 两人配合，测量炭罐电磁阀电源电压、线束电阻，记录测量参数。
(5) 两人配合，拆卸 EGR 阀，用 VIG1390 工具对 EGR 阀检测。
(6) 两人配合，对 EGR 电磁阀进行动作测试。
(7) 两人配合，测量 EGR 阀控制电路电源电压、信号电压、线束电阻，记录测量参数。
(8) 将测量参数与维修手册参数对比，判断燃油蒸气排放控制系统和废气排放控制系统部件性能和控制电路连接性能。

任务检验

任务结束后，完成以下项目工作页。

班级		姓名		学号	
1．如何判断炭罐电磁阀性能的好坏？					
2．如何判断 EGR 阀性能的好坏？					
3．写出 EGR 控制系统控制电路的检测内容及检测方法。					

项目四　汽油发动机主要电子控制系统的故障诊断

任务一　解码器的使用

学习内容

(1) 解码器的结构；
(2) 解码器的功能；
(3) 解码器的使用方法。

学习目标

1. 知识目标
(1) 熟悉解码器的结构；
(2) 熟悉解码器的功能和使用注意事项；
(3) 熟悉国内常见解码器的使用方法。
2. 能力目标
(1) 能正确使用国内常见解码器读取和清除发动机的故障码；
(2) 能正确使用解码器读取发动机的数据流。

任务导入

近年来，新材料、新技术广泛应用到汽车上，汽车的电气化、智能化程度越来越高，汽车的结构越来越复杂，一旦汽车控制系统出现故障，传统的诊断故障的经验方法效率低、容易出现误诊的局限就显现出来，汽车故障诊断仪——解码器的出现，就弥补了经验诊断的短板。作为汽车维修企业的技术人员、维修人员，应熟悉解码器的结构、功能和使用方法，否则，很难排除汽车控制系统的故障。

项目四　汽油发动机主要电子控制系统的故障诊断

收集资料

1. 解码器的功用

将故障码从 ECU 中读出，为检修人员提供参考。

2. 解码器的种类

解码器有专用型和通用型两种。

1）专用型解码器

只能检测特定的车型，它是汽车生产企业为自己生产的车型设计的专用解码器。

2）通用型解码器

适用车型广，可涵盖欧系车、美系车、日韩车、国产车。其功能接近专用解码器，能满足车辆日常维修需要。

国产解码器的代表：金德 K81、金德 KT600、修车王 HY-222B、电眼睛 431ME 等。

进口解码器的代表：美国 OTC 诊断仪、德国 Bosch FS560 等。

现以国产解码器金德 KT600 为例介绍解码器的结构、主要功能和使用方法。

3. 解码器的结构

如图 4-1-1 所示，解码器主要由主机、电源、测试线、测试接头、软件测试卡等构成。

图 4-1-1　金德 KT600 解码器的结构

1）主机

金德 KT600 解码器如图 4-1-2 和图 4-1-3 所示。

电控发动机构造与维修

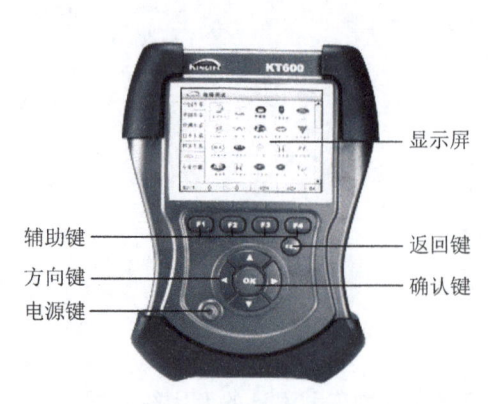

图 4-1-2　金德 KT600 解码器正面

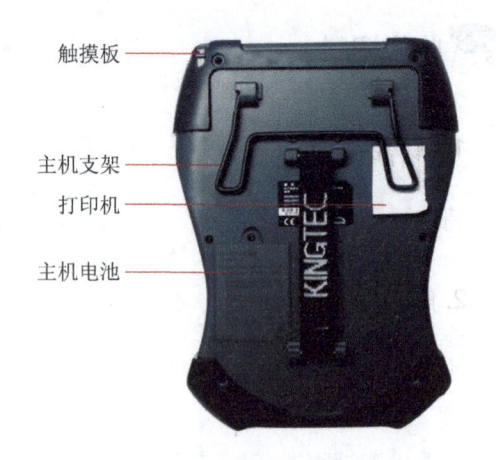

图 4-1-3　金德 KT600 解码器背面

2）电源和测试线

金德 KT600 电源适配器和测试线分别如图 4-1-4 和图 4-1-5 所示。

图 4-1-4　金德 KT600 电源适配器

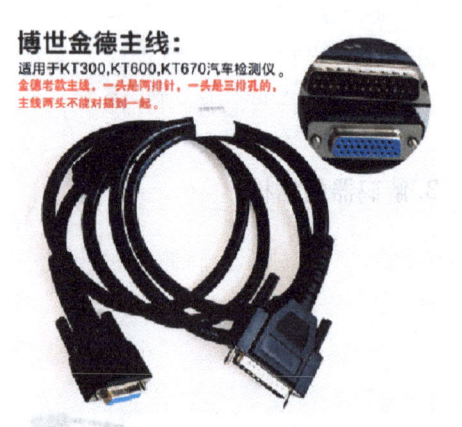

图 4-1-5　金德 KT600 解码器测试线

小提示：KT600 有以下四种供电方式。

（1）交流电源供电：把电源适配器一端接解码器，另一端接到 220V 交流电。

（2）点烟器供电：用电源延长线接点烟器接头后，点烟器接头接点烟器，由点烟器供电。

（3）故障诊断座供电：用 OBDII 测试接头接诊断口，由诊断座供电。

（4）蓄电池直接供电：电源延长线一端接上鳄鱼夹，鳄鱼夹接蓄电池，另一端插入解码器电源插座。

3）测试接头和软件测试卡

金德 KT600 解码器的测试接头和软件测试卡分别如图 4-1-6 和图 4-1-7 所示。

项目四　汽油发动机主要电子控制系统的故障诊断

图 4-1-6　KT600 解码器的测试接头

图 4-1-7　软件测试卡

4）解码器的端口

解码器的端口如图 4-1-8 和图 4-1-9 所示。

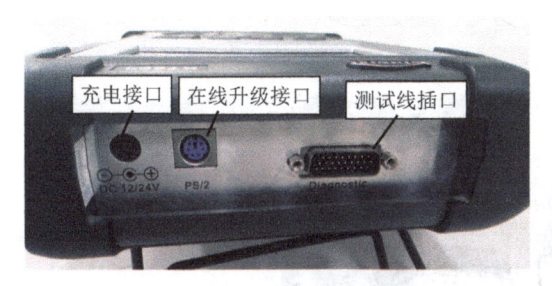

图 4-1-8　解码器上方端口

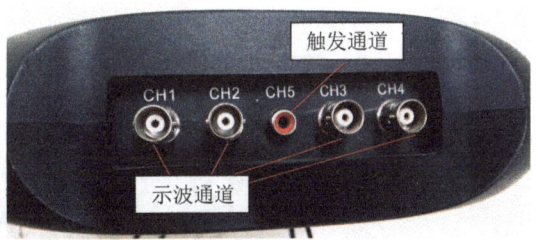

图 4-1-9　解码器下方端口

4. 解码器的功能

（1）基本测试功能：读取和清除故障码。

① 读取故障码：解码器可以读出存储在发动机 ECU 中的故障码，并在显示屏上显示。

② 清除故障码：汽车故障排除后，要清除存储在 ECU 中的故障码。解码器可以方便、快捷地清除故障码。

（2）特殊测试功能：动态数据流测试、静态数据流测试、执行元件测试、基本设定、发动机 ECU 的编码、音响解码等。

① 动态数据流测试：车辆在行驶中，用解码器检测发动机转速、车速、冷却液温度、节气门位置、进气压力、氧传感器信号、点火提前角、喷油脉冲等动态数据，供维修人员查阅。

② 静态数据流测试：车辆停驶，在发动机运转状态下，用解码器测试发动机的运转参数，供维修人员查阅。

③ 执行元件测试：用解码器测试怠速阀、喷油器、空调离合、油泵继电器等执行元件是否工作。

④ 基本设定：当电控系统部件拆卸维修或更换后，或发动机 ECU 更换后，打开系统，初始值发生了变化，要重新进行设定，如点火正时设定、电子节气门与 ECU 的匹配等。

⑤ 发动机 ECU 的编码：更换 ECU 后，应对 ECU 进行编码，否则，发动机将无法起动或油耗增大、自动变速器寿命缩短。

5. 解码器使用注意事项

(1) 使用前仔细阅读使用说明书。
(2) 仔细检查解码器部件与电源、车辆正确、牢固连接后，方可打开电源开关。
(3) 起动发动机前，先拉驻车制动器，变速杆置于 P 或 N 位置。

6. 解码器的使用方法与步骤

1) 故障码的读取与清除
(1) 观察被测车辆诊断口形状和针脚，选取合适的测试接头。
(2) 把测试线、测试接头、解码器连接好。
(3) 将测试接头（最好用 OBDII）接到汽车故障诊断口，如图 4-4-10 所示。

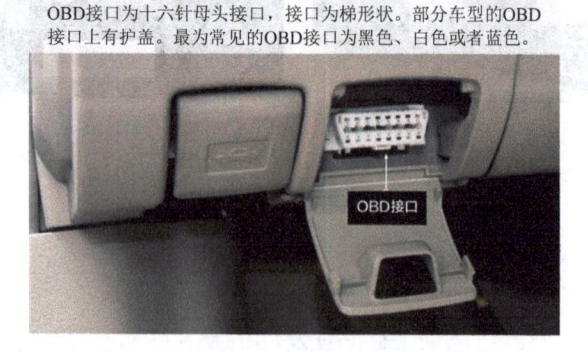

图 4-1-10　汽车故障诊断口

(4) 打开点火开关。
(5) 打开解码器电源开关，进入解码器主界面，如图 4-1-11 所示。

项目四 汽油发动机主要电子控制系统的故障诊断

(6) 选择主界面中的"汽车诊断"选项,进入"故障测试"界面,如图 4-1-12 所示。

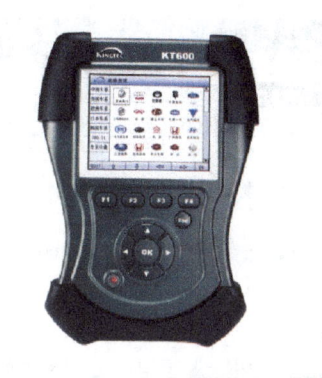

图 4-1-11 解码器主界面　　　　图 4-1-12 解码器故障测试界面

(7) 选择车系,然后选择"按车型诊断"选项(图 4-1-13),进入"请选择诊断方式"界面,如图 4-1-14 所示。

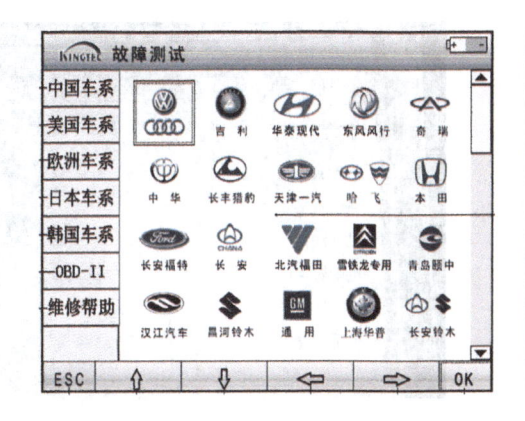

图 4-1-13 选择车系及诊断方式

(8) 选择"手动诊断"或"自动诊断"选项,进入"按车型测试"界面,如图 4-1-15 所示。

图 4-1-14 "请选择诊断方式"界面　　　　图 4-1-15 "按车型测试"界面

(9) 选择被测车型,进入"发动机型号"界面,如图 4-1-16 所示。

137

(10)选择被测车型发动机型号,进入"读取故障码"界面,如图 4-1-17 所示。

图 4-1-16 "发动机型号"界面

图 4-1-17 "读取故障码"界面

(11)选择"读取故障码"选项,进入故障码显示界面,如图 4-1-18 所示。

(12)选择"清除故障码"选项(图 4-1-19),即可清除 ECU 内存储的故障码。

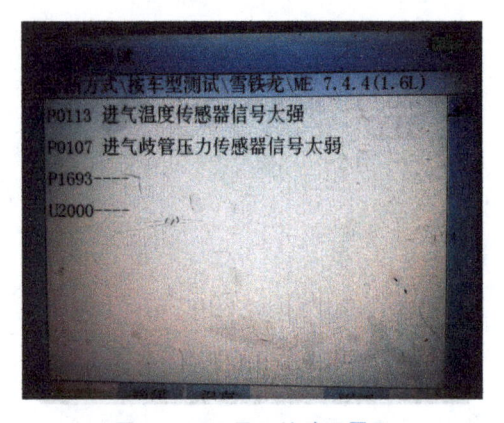

图 4-1-18 显示故障码界面

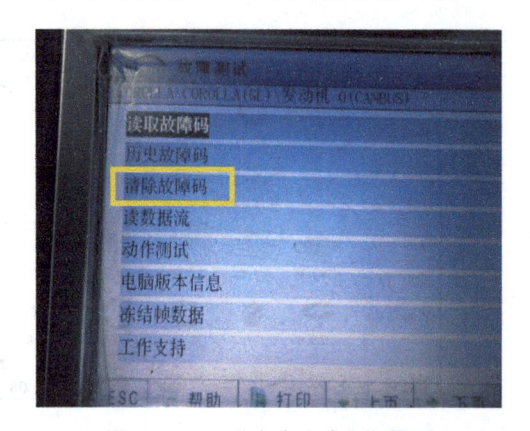

图 4-1-19 "清除故障码"界面

(13)选择显示屏下方的 ESC(返回,图 4-1-20),或按解码器上的 ESC 键(图 4-1-21),即可返回上一个界面,直至主界面。

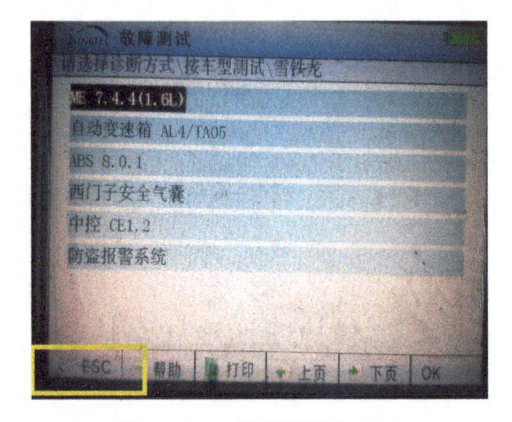

图 4-1-20 显示屏下方 ESC

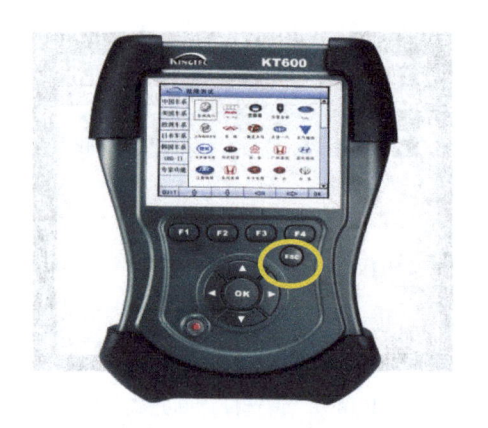

图 4-1-21 解码器 ESC 键

2) 数据流测试

(1) 测试条件：测试动态数据流车辆处于行驶状态，或测试静态数据流车辆处于停驶、发动机处于运转状态。

(2) 测试方法与步骤：

① 按"读取故障码"步骤，把解码器界面翻到"读取故障码"界面，选择"读数据流"选项（图4-1-22），进入"读数据流"界面，如图4-1-23所示。

② 选择"主要数据流"选项，进入数据流显示界面，如图4-1-24所示。

图4-1-22　选择"读数据流"选项

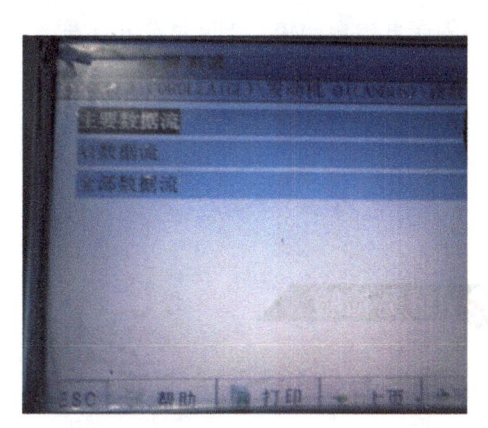

图4-1-23　"读数据流"界面

图4-1-24　数据流显示界面

任务实施

1．准备工作

准备整车或发动机台架、解码器、维修手册、常用工具、车轮挡块、三件套。

2．实施过程

(1) 安放车轮挡块、翼子板布、前格栅布、变速杆置于P或N位置。

(2) 两人配合，连接解码器、测试线、参数接头。

(3) 把参数接头接到汽车故障诊断口。

(4) 先打开点火开关，再按下解码器电源开关，接通解码器电源。

(5) 两人配合，读取事先设置的车辆控制系统故障码，记录故障码，并通过维修手册故障码表或网络查明故障码含义。

(6) 排除故障后，清除故障码。

(7) 两人配合，起动发动机读取发动机静态数据流，记录主要部件数据流参数并与维修手册标准参数比较，判断发动机主要部件实时参数是否正常。

(8) 使用完毕，按下解码器电源按钮，关闭解码器。

(9) 关闭点火开关。

(10) 拆卸测试接头、测试线。

任务检验

任务结束后，完成以下项目工作页。

班级		姓名		学号	
1. 写出解码器的结构与功能。					
2. 写出右图解码器面板按键功能。					
3. 写出读取故障码和清除故障码的步骤。					

任务二　点火系统的故障诊断

学习内容

(1) 电控点火系统的常见故障；
(2) 电控点火系统故障产生的原因；
(3) 电控点火系统的故障诊断方法和步骤。

学习目标

1. 知识目标
(1) 熟悉电控点火系统的常见故障；
(2) 熟悉电控点火系统故障产生的原因；
(3) 熟悉电控点火系统的故障诊断方法和步骤。
2. 能力目标
(1) 能正确使用诊断仪器；
(2) 能用正确的方法、步骤诊断电控点火系统的故障。

任务导入

汽车发动机要正常工作，须满足以下条件：
(1) 有良好的高压电火花；
(2) 有良好的空燃比；
(3) 有良好的压缩力；
(4) 控制系统正常。

点火系统高压电火花不正常是造成发动机不能正常工作的主要原因之一，作为汽车维修企业的技术人员、维修人员，应熟悉电控点火系统故障产生的原因，熟悉点火系统的故障诊断方法和步骤。

收集资料

1. 电控点火系统常见故障

电控点火系统常见的故障主要有火花塞无电火花、电火花弱、火花散。
点火系统故障包括二次电路故障、一次电路故障、部件故障。

2. 火花塞电火花不正常发动机出现的故障

1) 无电火花

全部火花塞无电火花：发动机不能起动。

部分火花塞无电火花：发动机容易熄火；发动机抖动；加速不良、动力下降。

2) 电火花弱、火花散

全部火花塞电火花弱、火花散：冷机难起动或不能起动；容易熄火；动力下降；加速不良。

部分火花塞火花弱、火花散：发动机容易熄火；发动机抖动；加速不良、动力下降。

3. 点火系统故障原因分析

1) 火花塞无电火花故障的原因

（1）全部火花塞无电火花的原因。

① 部件损坏原因：火花塞损坏、点火线圈损坏、点火模块损坏、曲轴位置传感器损坏、高压导线损坏、点火保险烧坏、ECU 损坏等。

② 控制电路产生故障原因：控制电路有断路、短路现象。

（2）部分火花塞无电火花的原因：

火花塞损坏、点火线圈损坏；控制电路断路、短路。

2) 火花塞火花弱故障原因

（1）部件不正常原因：火花塞老化、火花塞积炭、火花塞电极间隙不合适、点火线圈老化或局部短路、点火模块内部局部损坏、曲轴位置传感器间隙不合适或感应头脏污等。

（2）控制电路原因：电路导线接头接触不良、接头氧化、接头生锈、搭铁不良等。

3) 火花塞火花散、不集中故障原因

火花塞老化、积炭、损坏。

4. 故障分析思路

（1）使用期限短或保修期内的车，多由控制电路接线端子受潮或进水而氧化或生锈，或维护不当使电路松动造成。

（2）使用期限长、行驶里程多的车，则多由部件损坏、老化或缺少维护造成积炭，控制电路断路、短路、接触不良造成。

5. 电控点火系统的故障诊断

1) 常规检查诊断

常规检查诊断是指以点火线圈为起点，通过跳火试验进行检查诊断。试验时，应用试火用的火花塞装入火花塞帽进行，避免直接取高压线跳火试验，防止损坏 ECU。

常规检查诊断流程如图 4-2-1 所示。

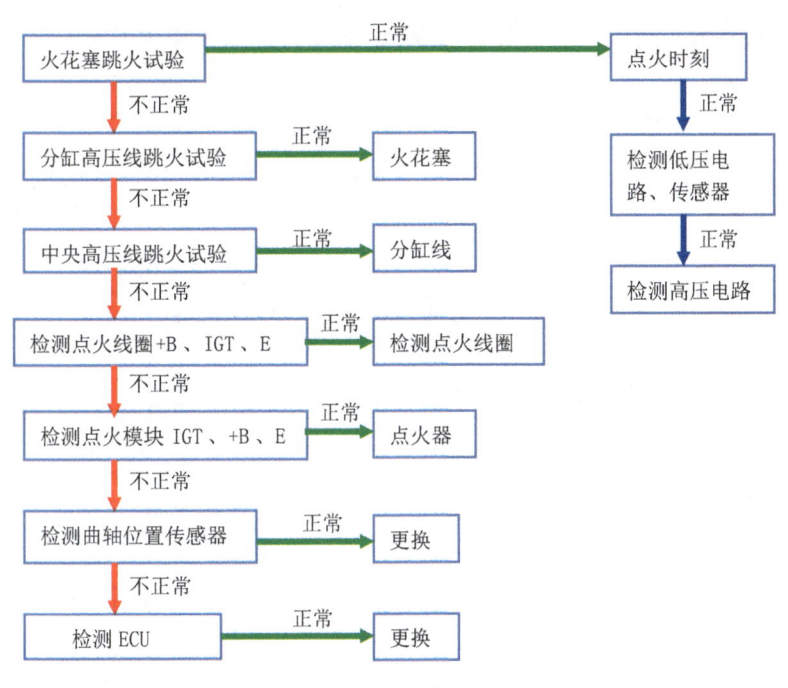

项目四 汽油发动机主要电子控制系统的故障诊断

图 4-2-1 电控点火系统故障常规检查诊断流程

2) 解码器诊断

若汽车仪表盘故障警告灯点亮，则用解码器读取发动机故障码，按故障码提示进一步检查诊断点火系统具体故障原因和部位。

典型点火系统故障诊断：以时代超人 AJR 发动机电控点火系统为例，介绍点火系统的故障诊断方法和步骤。其电路图如图 4-2-2 所示。

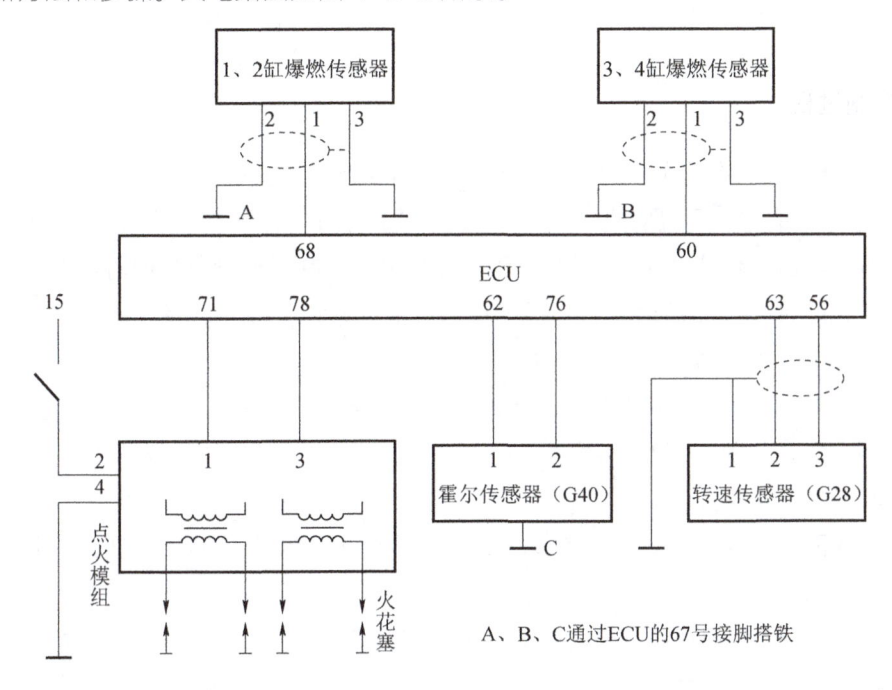

图 4-2-2 时代超人 AJR 发动机点火系统电路图

143

时代超人 AJR 发动机电控点火系统为无分电器同时点火，点火顺序为 1—3—4—2，点火线圈与点火模块制成一体。

第一步：二次电路测试。

火花塞跳火试验，火花正常则检查原车火花塞，不正常则检查点火线圈。

第二步：一次电路测试。

① IGT、IGF 电压测试：用测试笔测试 1-4、3-4 端子，起动发动机，试笔应闪亮；测电压，应为 0.1～5V，否则 ECU 有故障或点火线圈与 ECU 连线 1-71、3-78 断路或接触不良，应检测。

② 电源电压测试：打开点火开关，用测试笔测试 2-4，试笔应点亮；测量 2-4 电压，应在 11.5V 以上，否则，电源电路有故障。

③ 搭铁性能测试：拔下点火线圈插接器，测量 4- 车体的电阻，应在 1Ω 以下，否则搭铁不良。

④ 曲轴位置传感器的检测：起动发动机，测量曲轴位置传感器的工作电压，应为 0.3～1.5V，否则说明传感器损坏。

经以上检测，一次电路有故障，应视情检修；一次电路正常，二次侧无高压电火花，说明点火线圈组损坏，应更换。

任务实施

1. 准备工作

准备大众车整车、万用表、解码器、维修手册、常用工具、车轮挡块、三件套。

2. 实施过程

（1）两人配合，安放车轮挡块、三件套，拉起驻车制动器拉杆，变速杆置于 P 或 N 位置。

（2）两人配合，拆下高压线，进行高压跳火试验，并将检测参数填写在表 4-2-1 中。

（3）两人配合，起动发动机，测量 IGT、IGF 电压，并将检测参数填写在表 4-2-1 中。

（4）两人配合，关闭点火开关，拔下点火线圈插接器，测量插接器电源线电压，并将检测参数填写在表 4-2-1 中。

（5）两人配合，测量插接器搭铁线电阻，并将检测参数填写在表 4-2-1 中。

（6）两人配合，测量点火线圈插接器 1、3 和 ECU 插接器 71、78 之间的电阻，并将检测参数填写在表 4-2-1 中。

（7）两人配合，接好插接器，起动发动机，测量曲轴位置传感器电压，并将检测参数填写在表 4-2-1 中。

（8）两人配合，拆下传感器插接器，测量搭铁线电阻、线束电阻，并将检测参数填写在表 4-2-1 中。

项目四　汽油发动机主要电子控制系统的故障诊断

表 4-2-1　电控点火系统检测参数记录表

检测车型	检测内容	检测条件	检测参数	性能判断
	高压电火花			
	IGT、IGF 电压			
	插接器电源线电压			
	插接器搭铁线电阻			
	线束电阻			
	曲轴位置传感器工作电压			
	搭铁线电阻			
	线束电阻			

任务检验

任务结束后，完成以下项目工作页。

班级		姓名		学号	
1. 点火系统的常见故障有哪些？						
2. 电控点火系统故障包括有哪些方面？						
3. 自己查阅资料，写出五菱车电控点火系统的故障检查诊断流程。						

任务三　燃油供给系统的故障诊断

学习内容

(1) 电控燃油供给系统的常见故障；
(2) 电控燃油供给系统故障产生的原因；
(3) 电控燃油供给系统的故障诊断方法和步骤。

学习目标

1. 知识目标
(1) 熟悉电控燃油供给系统的常见故障；
(2) 熟悉电控燃油供给系统故障产生的原因；
(3) 熟悉电控燃油供给系统的故障诊断方法和步骤。
2. 能力目标
(1) 能正确使用诊断仪器；
(2) 能用正确的方法和步骤诊断电控燃油供给系统的故障。

任务导入

汽车发动机要正常工作，须满足以下条件：
(1) 有良好的高压电火花；
(2) 有良好的空燃比；
(3) 有良好的压缩力；
(4) 控制系统正常。

燃油压力不正常是造成发动机不能正常工作的主要原因之一，作为汽车维修企业的技术人员、维修人员，应熟悉电控燃油供给系统故障产生的原因，熟悉燃油供给系统的故障诊断方法和步骤。

收集资料

1. 电控燃油供给系统的常见故障

电控燃油供给系统的常见故障主要有系统无油压、系统油压过低、系统油压过高、喷油器不喷油、喷油器喷油量过大、喷油器喷油量过少。

电控燃油供给系统故障包括控制电路故障和部件故障。

2. 燃油供给系统不正常发动机出现的故障现象、原因分析及诊断步骤与方法

1）系统无油压

（1）故障现象：发动机不能起动。

（2）原因分析。

① 部件故障原因：油箱无燃油、电动燃油泵损坏、电动燃油泵脏污卡滞、油管堵塞、保险烧断、继电器损坏。

② 控制电路故障原因：油泵控制电路断路、短路。

（3）诊断步骤与方法。

第一步：初步确诊发动机不能起动与供油系统出故障有关。

方法：拆下连接节气门体的进气软管，踩下加速踏板，向节气门的进气管喷入少量的化油器清洗剂后松开加速踏板，起动发动机。

发动机能起动，烧完所喷的清洗剂后发动机即刻熄火，说明原来发动机不能起动是无燃油喷入气缸。

第二步：检测电动燃油泵的工作情况。

方法：拆下后排座椅，两人配合，打开点火开关 2～3s 再关闭，重复 2 或 3 次，用听诊器探头接触油箱的油泵安装口附近金属，应能听到"吱吱"的油泵转动声，否则说明油泵不工作，应先检测油泵或油泵控制电路。

第三步：检测供油系统油压。

① 拆下燃油滤清器与燃油分配管之间的进油软管，把油压表装到软管上。

② 起动发动机，观察油压表指针指向的读数。若指针指在 0 位，说明系统无油压。

2）系统油压过低

（1）故障现象：发动机起动困难；容易熄火；加速不良、功率下降；怠速不稳。

（2）原因分析。

部件原因：油泵堵塞、油管堵塞、燃油滤清器堵塞、油泵脏污卡滞转速慢、燃油泵限压阀有故障、油压调节器有故障等。

油泵控制电路原因：线路接线端子氧化、生锈使电路电阻增大。

（3）诊断步骤与方法

① 拆下燃油滤清器与燃油分配管之间的进油软管，把油压表装到软管上。

② 起动发动机，观察油压表指针指向的读数。

中小排量轿车燃油压力参数一般在以下范围：

怠速运转：油压为 200～250kPa。

中速运转：油压为 250～280kPa。

高速运转：油压为 280～350kPa。

检测参数低于此范围或低于维修手册参数，说明系统油压过低，应进行检修。

3）系统油压过高

(1) 故障现象：油管燃油泄漏、怠速过高、燃油超耗。

(2) 原因分析：燃油泵限压阀调节不当、油压调节器故障、回油管路堵塞等。

(3) 诊断步骤与方法。

① 拆下燃油滤清器与燃油分配管之间的进油软管，把油压表装到软管上。

② 起动发动机，观察油压表指针指向的读数。

中小排量轿车燃油压力参数一般在以下范围：

怠速运转：油压为 200～250kPa。

中速运转：油压为 250～280kPa。

高速运转：油压为 280～350kPa。

检测参数高于此范围或高于维修手册参数，说明系统油压过高，应进行检修。

4）喷油器不喷油

(1) 故障现象：发动机难起动、不能起动。

(2) 原因分析：喷油器堵塞、喷油器损坏、ECU 有故障、喷油器控制电路短路或断路。

(3) 诊断步骤与方法。

第一步～第三步：与"系统无油压"的诊断相同。

第四步：起动发动机，用听诊器听喷油器有无电磁吸合声。若没有，说明喷油器不工作，进行下步检测。

第五步：关闭点火开关，拆下喷油器插接器，用汽车电路测试笔测试插接器电源线和搭铁线，起动发动机，测试灯应闪亮，否则，说明喷油器与 ECU 之间的线路断路或 ECU 内部有故障，应检测喷油器线束和 ECU。

第六步：拆下喷油器，把喷油器装到专用检测设备检测喷油情况。没有专用设备的，取一个空塑料水瓶在水瓶的盖子上开一个刚好能塞进喷油器的小孔，瓶内装入汽油或柴油，用导线把喷油器端子与蓄电池正、负极连接，同时用力捏住瓶子，若无油从喷油器喷射出来，说明喷油器堵塞或损坏，应更换或用压缩空气清理干净。

5）喷油器喷油量过小

(1) 故障现象：发动机难起动、怠速不稳、容易熄火、加速不良等。

(2) 原因分析：喷油器堵塞。

6）喷油器喷油量过大

(1) 故障现象：排气管冒黑烟、"放炮"或燃油超耗等。

(2) 原因分析：喷油器损坏、ECU 有故障使喷油器线圈通电时间过长。

喷油量过大、过小的诊断步骤与方法：拆下喷油器，把喷油器装到专用检测设备上检测喷油情况，测试时间为 15s，量为 70～80mL，否则说明喷油器喷油量过大或过小。

项目四　汽油发动机主要电子控制系统的故障诊断

任务实施

1．准备工作

准备大众车、五菱车整车或发动机台架、万用表、燃油压力表、维修手册、常用工具、车轮挡块、三件套。

2．实施过程

（1）两人配合，安放车轮挡块、三件套，拉起驻车制动器拉杆，变速杆置于 P 或 N 位置。

（2）两人配合，拆下节气门体进气软管，向节气门进气口喷少许化油器清洗剂，起动发动机试验。

（3）两人配合，起动发动机，测试电动燃油泵的工作情况。

（4）两人配合，关闭点火开关，安装燃油表，测试燃油系统压力。

（5）两人配合，起动发动机，检测喷油器的工作情况。

（6）两人配合，拆卸喷油器，检测喷油器的喷油情况。

任务检验

任务结束后，完成以下项目工作页。

班级		姓名		学号	
1．电控燃油供给系统的常见故障是什么？					
2．发动机没有燃油压力会出现什么故障？					
3．发动机燃油压力过低会出现什么故障？					
4．要满足哪些条件发动机才能正常工作？					

参考文献

[1] 解福泉. 电控发动机维修[M]. 北京：高等教育出版社，2007.
[2] 唐小丹. 汽车电控发动机构造与检修彩色图册[M]. 北京：人民交通出版社，2006.
[3] 吴基安，吴洋. 汽车电子控制技术[M]. 北京：金盾出版社，2010.